MELENK / RUNGE / DRÄGER
VERBLÜFFENDE PHYSIKALISCHE EXPERIMENTE

UNTERRICHTSHILFEN NATURWISSENSCHAFTEN
Herausgegeben von:
Prof. Dr. Wolfgang Bleichroth, Prof. Dr. Hans Grupe,
Prof. Dr. Heinz Schmidkunz

Verblüffende physikalische Experimente

Von
HARTMUT MELENK,
UDO RUNGE
und
PAUL DRÄGER

Herausgeberische Betreuung: Prof. Dr. Wolfgang Bleichroth

4. erweiterte Auflage

AULIS VERLAG DEUBNER & CO KG
Köln

Die Deutsche Bibliothek – CIP-Einheitsaufnahme

Melenk, Hartmut:
Verblüffende physikalische Experimente /
von Hartmut Melenk, Udo Runge und Paul Dräger.
Hrsg. Betreuung: Wolfgang Bleichroth. –
4., erw. Aufl. – Köln : Aulis-Verl. Deubner, 1998
(Unterrichtshilfen Naturwissenschaften)
ISBN 3-7614-1763-2

Best.-Nr. 4219

Satz: DTP-Studio Koch, Oberweißbach
Druck und Verarbeitung: Siebengebirgs-Druck, Bad Honnef
ISBN 3-7614-1763-2

Inhaltsverzeichnis

1 Einleitung

Folgende Geschichte erzählte unser Professor im Grundstudium, als er uns die Physik des Kreisels näher bringen wollte.

„Am Vorabend einer Physikertagung in Köln:
Zu später Stunde, als sich ein Großteil der Tagungsteilnehmer bereits auf ihre Zimmer zurückgezogen hat, sitzen einige besonders muntere immer noch an der Hotelbar. Da keucht endlich der letzte Teilnehmer – ein Physiker aus England – mit seinem schweren Koffer zur Rezeption. Während er sich in die Teilnehmerliste einträgt, greift ein Liftboy eilfertig das Gepäckstück des schelmisch dreinschauenden Briten und wuchtet es hoch. Die Mahnung des Physikers, er solle ja vorsichtig mit dem Koffer umgehen, läßt er über sich ergehen wie so manches von anderen Gästen.

Der schmächtige Liftboy hat schon alle Mühe, das schwere Gepäck zu tragen. Als er dann um die Ecke zur Lifttür biegen will, stolpert er unter dem Gelächter der Gäste über den Koffer. Auch beim zweiten Anlauf scheitert der arme Kerl an der gleichen Stelle. Der Koffer läßt sich einfach nicht in Richtung Lifttür drehen. Zu allem Ärger kommt auch noch eine spitze Bemerkung des Engländers, die ihn an die Mahnung von vorhin erinnert.

Die Welt wird für den Jungen gänzlich unverständlich, als der Physiker sich den Koffer *langsam* zurechtrückt und ohne Mühe im Lift verschwindet. Der Liftboy bleibt fassungslos zurück und hat große Schwierigkeiten, sein Weltbild über Gäste und Koffer wieder in Ordnung zu bringen.

Zwei Wochen später trifft ein Brief des Physikers aus England ein, worin der Junge über den Inhalt des Koffers aufgeklärt wird."

Wir waren sicher nicht die Einzigen, die die Physik des Kreisels recht trocken und schwierig fanden. Die Geschichte brachte uns aber dazu, zumindest dieser einen Vorlesung etwas gespannter und interessierter zu folgen, wohl aus der Neugier heraus, die Ursache für das Scheitern des Liftboys zu ergründen. Um wieviel größer wäre der Wissensdurst wohl gewesen, wenn wir diese Begebenheit selbst erlebt hätten!

Was hat diese Geschichte nun mit unserem Physikunterricht zu tun? Natürlich können wir unsere Schüler nicht mit einem Kreiselkoffer in ein Nobelhotel schicken. Aber mit einfachen verblüffenden Experimenten sollten sich unserer Erfahrung nach Schüler in eine Konfliktsituation bringen lassen. Wir hoffen die Schüler dadurch zu motivieren, selbständig über physikalische Probleme nachzudenken und dem Unterricht interessierter zu folgen.

2 Der Einsatz verblüffender Experimente im Unterricht

Bei der Realisierung dieser Idee setzten wir zunächst Experimente, die wir für verblüffend hielten, sporadisch im Physikunterricht ein, um Schüler zu motivieren. Hin und wieder geschah auch das, was wir erhofft hatten:
Die Schüler setzten sich interessiert, manchmal sogar erregt und selbständig mit dem Versuch auseinander. Häufig zeigte sich aber auch, daß das unserer Meinung nach so interessante und voller Fragen steckende Experiment nicht zum gewünschten Erfolg führte. Ob es nun durch unsere unzureichende Vorbereitung, durch Probleme in der Lerngruppe oder andere Ursachen bedingt zu Störungen des Lernprozesses kam, nie fanden die Schüler in solchen Fällen einen Zugang zum Experiment und resignierten letztlich.

Auf der Grundlage solcher negativen Erfahrungen haben wir versucht, einen Ansatz zu finden, der neben der Charakterisierung bzw. Strukturierung verblüffender Experimente auch deren effektiveres Planen und Einsetzen erleichtern soll.

2.1 Verblüffende Experimente führen zu Motivation

Eine Vielzahl von Autoren[1, 2, 3] hat sich mit der Motivation in der Schule beschäftigt. In einem Punkt sind sie sich einig: Mit der geeigneten Motivierung hat der Lehrer Mittel in der Hand, Lernprozesse einzuleiten und aufrecht zu erhalten. Seine Aufgabe ist es, die Schüler immer wieder neu zu motivieren, Interessen bei Ihnen zu wecken und sie im Idealfall dazu zu bewegen, den Unterricht selbständig mit zu gestalten.

Eine Möglichkeit der Motivierung sehen wir im Einsatz verblüffender Experimente. Durch die Abbildung A[4] soll die Einordnung solcher Experimente in die Motivationslehre verdeutlicht werden.

Verblüffende Experimente können also Bestandteil des Prozesses sein, den der Lehrer in die Wege leitet, um den Schülern zu einer Motivation zu verhelfen.

---

[1] vgl.: *Heckhausen, H.*: Motivation und Handeln. Berlin und Heidelberg 1980

[2] vgl.: *Roth, H.*: Pädagogische Psychologie des Lehrens und Lernens. Hannover 1976

[3] vgl.: *Schiefele, H.*: Lernmotivation und Motivlernen. München 1974

[4] vgl.: *Kunert, C.* und *Zitterbart, E.*: Provokation im Unterricht. Donauwörth 1976. Hier wird in Anlehnung an *Schiefles* Motivationslehre ein ähnliches Schaubild, ebd. S. 10, angegeben.

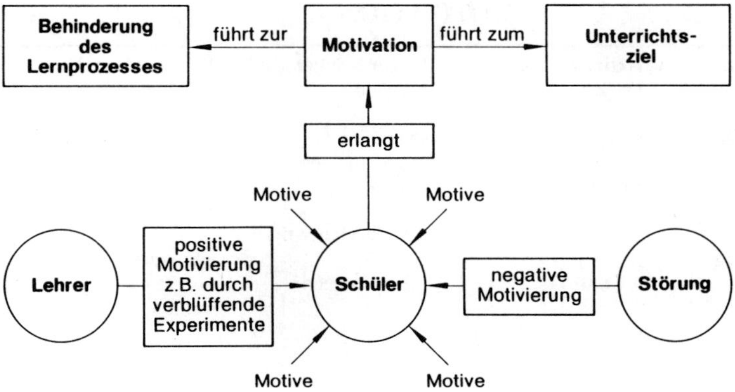

Abb. A

Dieser Prozeß wird als Motivierung bezeichnet. Erlangen Schüler eine Motivation, so kann es zu einem Lernprozeß kommen, der zu dem gewünschten Unterrichtsziel führt.

Störungen bringen den Schüler zwar auch in den Zustand der Motivation, sie führen aber schließlich zu einer Beeinträchtigung des erwünschten Lernprozesses.

2.2 Möglichkeiten der Motivierung gehen von verschiedenen Ebenen aus

Dem Lehrer bieten sich auf verschiedenen Ebenen Möglichkeiten, Motive zu aktivieren, die zum Lernen führen, und solche zu unterdrücken, die Störungen des Lernprozesses bewirken. In der folgenden Übersicht sind wesentliche Bedingungen, die bei der Motivierung eine Rolle spielen, aufgeführt und in vier Gruppen zusammengefaßt. Die wichtigsten Bedingungen sind in Abbildung B[1] hervorgehoben.

Bei der Aufbereitung des Gegenstandes hat der Lehrende die Möglichkeit, den Unterricht – insbesondere durch eine geeignete Problematisierung und geschickten Medieneinsatz – zu beleben. Gerade für den Einsatz verblüffender Experimente kommt der Problemstellung und dem in der Ebene Aktivierte Spannung im Schüler aufgeführte Konflikt besondere Bedeutung zu. In einem späteren Abschnitt zur methodischen Planung des Unterrichts mit verblüffenden Experimenten wird dies näher ausgeführt (vgl.: Abschnitt 2.5, S. 19).

[1] vgl.: *Schiefele, H.*: ebd. S. 311ff. erweitert mit Elementen von *Berlyne, D. E.*: Konflikt, Erregung, Neugier. Stuttgart 1974

MOTIVATION

Aufbereitung des Gegenstandes	Aktivierte Spannung im Schüler	Lehrer-Schüler Verhältnis	Schulorganisation und Lerninhalte
• **Problemstellung**	• Angst	• katalytische Funktion des Lehrers	• Schulklasse und Lernorganisation
• Eindrucksgestaltung	• Leistungsmotivation	• **Unterrichtsstile**	• Differenzierung
• Strukturierung der Inhalte	• Neugierde	• Erwartungen	• Stundenplan
• . . .	• **Konflikt**	• . . .	• . . .
	• Selbstbestimmung		
	• . . .		

Abb. B

Auch das Lehrer-Schüler-Verhältnis, wie es im Unterrichtsstil und Arbeitsklima zum Ausdruck kommt, hat einen bedeutenden Einfluß auf die Motivation. In einem kurzen Abschnitt gehen wir auch darauf besonders ein (vgl. Abschnitt 2.6, S. 22).

Die Ebene der Schulorganisation wird hingegen, wegen ihrer vergleichsweise geringen Bedeutung für die Motivation, nicht ausführlicher behandelt.

Vor den Überlegungen zur methodischen Planung und zum Unterrichtsstil soll jedoch im folgenden Abschnitt genauer erörtert werden, wie durch ein Experiment Verblüffung ausgelöst und damit eine Lernmotivation beim Schüler aufgebaut werden kann.

2.3 Verblüffende Experimente führen zu gedanklichem Konflikt

Daß Kinder neugierig sind, Interessen haben, daß sie zum Lernen motiviert sind oder motiviert werden können, ist eine bekannte Tatsache. Eine auf solche Weise vorhandene oder angeregte Motivation kann auf unterschiedliche Weise erklärt werden. Vom Erklärungsmodell, d. h. von der Theorie her, lassen sich dann auch pädagogische Folgerungen ziehen. Auch für das Auffinden und den Einsatz verblüffender Experimente können entsprechende Hinweise erwartet werden.

Ein hierfür unserer Meinung nach geeigneter Ansatz findet sich bei *Berlyne*[1].

---

[1] vgl.: *Berlyne, D. E.*: Konflikt, Erregung, Neugier. Deutsche Ausgabe, Stuttgart 1974

Er entwickelt eine Theorie, die auf der erregenden Eigenschaft des Konfliktes basiert. Ein Großteil der Neugierde und des auf Wissenserwerb ausgerichteten Verhaltens („epistemische Neugier") des Menschen kann auf dieser Grundlage erklärt werden. Neugierde und Erkenntnisstreben, zwei Hauptanliegen bezüglich des Schülerverhaltens im Physikunterricht, können nach Berlyne durch einen gedanklichen Konflikt hervorgerufen werden.

Nach *Berlyne* kommt es dann zu einem Konflikt, wenn zwei oder mehr nicht miteinander vereinbare Rektionen gleichzeitig im Schüler aktiviert werden. Will man nun durch ein Experiment Neugierde beim Schüler wecken, so müssen im Versuch Elemente enthalten sein, die eben solche unvereinbaren Reaktionen ansprechen. Auf diese Weise können sie einen gedanklichen Konflikt hervorrufen. Der Schüler zeigt danach ein Verhalten, welches zur Reduzierung des Konflikts führt. Im Idealfall geschieht dies durch den Erwerb von Wissen.

Berlyne unterscheidet ohne Anspruch auf Vollständigkeit, sechs Arten des gedanklichen Konflikts.

Davon sollen die fünf wichtigsten Konfliktarten anhand von Beispielen aus der Physik verdeutlicht werden.

Zweifel: Es gibt den Konflikt zwischen Tendenzen, an eine Aussage zu glauben oder nicht daran zu glauben. Zweifel schafft den größten Konflikt, wenn beide Tendenzen gleich stark sind.

Im Experiment mit der Pendelkugel an der Kinnspitze des Lehrers (3.1.1) ahnen die Schüler oder wissen, daß die pendelnde Kugel aufgrund des Energieerhaltungssatzes nicht über ihren Ausgangspunkt hinaus schwingen kann. Gleichzeitig kommen ihnen Zweifel, ob diese Gesetzmäßigkeit wirklich immer gilt.

Perplexität: Wenn Faktoren vorhanden sind, die den Schüler zu einer Anzahl sich gegenseitig ausschließender Überzeugungen führen, entsteht die zweite Art des gedanklichen Konflikts. Dies ist zum Beispiel der Fall, wenn Beweismaterial vorliegt, das für alle Überzeugungen gleichermaßen spricht.

In einem Versuch (vgl. Experiment 3.2.5) wird den Schülern gezeigt, daß Glas ein elektrischer Leiter sein kann. Aus Erfahrung oder entsprechenden Versuchen weiß der Schüler aber schon, daß Glas ein guter Isolator ist. Er hat also Beweismaterial, das sowohl für den Leiter als auch für den Isolator spricht.

Widerspruch: Hier sind logische Widersprüche gemeint. Im Zusammenhang mit verblüffenden Experimenten wird hauptsächlich mit scheinbaren Widersprüchen gearbeitet.

So wird in einem Experiment Wasser durch Abkühlung zum Sieden gebracht (vgl. Experiment 3.4.1). Dabei kann es zu einem derart starken Konflikt kommen, daß Schüler sich weigern, die Blasenbildung im Wasser mit dem Siedeprozeß in Verbindung zu bringen. Sie suchen nach anderen Erklärungen und mutmaßen dabei sogar, es ströme Luft am Korken vorbei in das Gefäß!

Gedankliche Inkongruenz: Die vierte Art des gedanklichen Konflikts tritt auf, wenn ein Schüler gelernt hat, das gemeinsame Auftreten von Eigenschaft A und B sei unwahrscheinlich, dann aber irgendwo erfahren hat, daß A und B in einem Gegenstand oder Ereignis gemeinsam auftreten.

Von einer gedanklichen Inkongruenz kann man z. B. dann sprechen, wenn ein Schüler aus Erfahrung weiß, daß ein Tischtennisball im Wasser schwimmt, dann aber durch ein Experiment erfährt, daß der Tischtennisball unter bestimmten Bedingungen auf dem Grunde eines mit Wasser gefüllten Trichters liegenbleibt (vgl. Experiment 3.1.17 – „Ein Tischtennisball als Nichtschwimmer").

Verwirrung: Sieht jemand zum erstenmal ein Tigon (hierbei handelt es sich um eine Kreuzung zwischen Tiger und Löwe), so kommt die Verwirrung darüber auf, welcher Tiergattung das Tigon zuzuordnen ist. Einige Merkmale sprechen für einen Tiger, andere gleichzeitig für einen Löwen.

Eine Entsprechung aus der Physik läßt sich am Welle-Teilchen Dualismus aufzeigen. Der Beobachter entsprechender Experimente mit Elektronen ist verwirrt, denn Elektronen zeigen unter bestimmten Bedingungen Teilcheneigenschaften, unter anderen Bedingungen verhalten sie sich wie elektromagnetische Wellen.

Zusammenfassend läßt der Ansatz nach *Berlyne* bezüglich der aufgeworfenen Fragen folgende thesenhafte Aussagen zu:

- Von einem Experiment geht nur dann eine verblüffende Wirkung aus, wenn mindestens zwei nicht miteinander vereinbare Reaktionen gleichzeitig im Schüler aktiviert werden.
- Verblüffende Experimente müssen mindestens eine Art des gedanklichen Konflikts auslösen; vor allen Dingen müssen sie aber das optimale Aktivierungsniveau der Schüler treffen.
- Fast alle verblüffenden Experimente lassen sich jeweils mehreren der vorgenannten Arten des gedanklichen Konflikts zuordnen. So sind bei dem schon erwähnten Experiment (3.2.5 „Noch nicht einmal Glas isoliert") mindestens zwei Konfliktarten möglich, nämlich Perplexität und Inkongruenz.
- Bei verblüffenden Experimenten führen nicht so sehr Umfang und Intensität des Konfliktes zum Lernen, sondern vielmehr Neuheit, Komplexität und Überraschungseffekt. Wird dagegen ein und dieselbe Art des Konflikts, auch bei erhöhter Intensität, mehrfach angesprochen, so führt das eher zu einer abstumpfenden Wirkung der Lernbereitschaft bei den Schülern. Eine Anhäufung des Einsatzes verblüffender Experimente ist also zu vermeiden.

Bei der Kritik dieser Theorie von *Berlyne* ist zu beachten, daß sie streng genommen auf das Individuum ausgerichtet ist und somit nur mit Einschränkungen auf Lerngruppen übertragen werden kann.

Darüber hinaus erscheint die Strukturierung des gedanklichen Konflikts wegen der sich daraus ergebenden mehrdeutigen Zuordnung der Experimente zu den Konfliktarten problematisch.

So können z. B. beim Experiment 3.4.1 „Auch mit Eis kann man Wasser kochen" alle fünf Konfliktarten nach *Berlyne* unterschiedlich stark beim Schüler gleichzeitig auftreten, je nach dem welche Erfahrungen er bisher gemacht hat. Diese Situation ist vom Lehrer im Unterricht nur äußerst schwer beeinflußbar. Für die unterrichtliche Praxis haben wir deshalb, auf der Grundlage der Berlyneschen Theorie, nach einem Schema gesucht, bei dem die mühsame Analyse von Experimenten mit Hilfe der Konfliktarten erleichtert wird.

Bei der Realisierung dieses Vorhabens haben wir *Berlynes* Arten des gedanklichen Konflikts durch die Widerspruchsmatrix nach *Weck*[1] ersetzt. Davon handelt der folgende Abschnitt.

2.4 Eine Struktur verblüffender Experimente

Für seinen Unterricht möchten wir dem Physiklehrer eine Möglichkeit aufzeigen, mit deren Hilfe er geeignete verblüffende Experimente für seinen Unterricht auswählen kann.

Sie soll also darüber informieren, ob und wodurch es bei Schülern zu einem Konflikt kommen kann. In Anlehnung an *Weck*[2] wurde ein entsprechendes Schema entwickelt und in Abbildung C dargestellt.

KONFLIKTE hervorgerufen durch Widersprüche zwischen:	Beobachtungen die der Schüler macht	heimliche Theorie	früher oder neu erworbenes Wissen des Schülers
Beobachtungen die der Schüler macht	Gruppe A		
heimliche Theorie	Gruppe B	Gruppe D	
früher oder neu erworbenes Wissen des Schülers	Gruppe C	Gruppe E	Gruppe F

Abb. C

[1] vgl.: *Weck, H.*: Selbständiges Problemerkennen und Problemlösen. Berlin 1967

[2] vgl.: *Weck, H.*: ebd. S. 60f.

Ordnungsgesichtspunkte zur Strukturierung verblüffender Experimente sind dabei Widersprüche zwischen Beobachtungen, Kenntnissen und heimlichen Theorien der Schüler.

Bei geeigneter Aufbereitung der Experimente führen diese Widersprüche zu einem Konflikt beim Schüler (siehe hierzu Kap. 3).

Gruppe A: Widerspruch zwischen zwei Beobachtungen
Bei Experimenten, die zu dieser Gruppe gehören, ergibt sich für die Schüler ein Konflikt, wenn zwei scheinbar gleiche Ursachen verschiedene Wirkungen hervorrufen.

Wir zeigten den Schülern zwei dickbauchige Flaschen. Eine davon war, ohne daß die Schüler es wußten, mit heißem Wasser ausgespült worden. Auf beide Flaschenhälse zogen wir vor den Augen der Schüler je einen Luftballon. Zu ihrem Erstaunen verschwand ein Luftballon nach kurzer Zeit in der Flasche (vgl. Experiment 3.4.8).

Experimente dieser Art haben den Nachteil, daß sie oft manipuliert werden müssen, um zu einem Konflikt zu führen. Es kann dadurch zu einer ablehnenden Haltung der Schüler kommen: „Da haben Sie uns aber reingelegt!"

Gruppe B: Widerspruch zwischen einer heimlichen Theorie und der Beobachtung der Schüler
Der Lehrer will den Schülern klar machen, daß in einfachen Fällen die Reibung zwischen festen Körpern unabhängig von der Größe der Reibfläche ist. Im allgemeinen besitzt fast die ganze Klasse die heimliche Theorie, daß die Reibung mit zunehmender Größe der Reibfläche wächst. Diese falsche Annahme kann noch dadurch verstärkt werden, daß der Lehrer die breiten Reifen von Rennwagen anspricht.

Wir teilten den Schülern Holzplatten mit gleicher Masse aber unterschiedlicher Fläche aus und forderten sie auf, die Platten mittels eines Federkraftmessers über die Tischplatte zu ziehen. Bei der Durchführung gerieten die Schüler in einen Konflikt zwischen ihren Erwartungen und ihrer Beobachtung.

Gruppe C: Widerspruch zwischen neuem oder früher erworbenem Wissen und der Beobachtung der Schüler
Diese Art von Experimenten kann dann eingesetzt werden, wenn damit zu rechnen ist, daß die Schüler eine erkannte physikalische Gesetzmäßigkeit unzulässig verallgemeinern. (vgl. Experiment 3.2.5). Sie können auch der Festigung und Vertiefung von Kenntnissen, oder zur Einführung eines neuen Themas dienen. Die Schüler sind gewohnt, eine Glühlampe mit einem Schalter einzuschalten. Wir zeigten ihnen in einem Experiment (vgl. Experiment 3.2.11), daß ein

Streichholz anscheinend die gleichen Dienste leistet. Der gleiche Konflikt baute sich noch einmal auf, als wir die Lampe „ausbliesen". Sie gerieten in einen Konflikt zwischen ihrem bisherigen Wissen und ihrer Beobachtung.

Gruppe D: Widerspruch zwischen heimlichen Theorien

In diese Gruppe gehören eine Menge Gedankenexperimente in denen Paradoxa dargestellt sind; zu finden u. a. bei *Walker*[1] und *Makejewa*[2]. Hierzu folgendes Beispiel:

Ein verblüffendes Perpetuum Mobile stammt von dem Bischof von Chester[3] (um 1670). Ein Magnet am oberen Ende einer Rampe zieht eine Eisenkugel die schiefe Ebene empor. Durch ein Loch in der schiefen Ebene rollt die Kugel wieder an ihren Ausgangspunkt zurück, wo der Vorgang von neuem beginnen kann.

Das müßte doch funktionieren, oder?

Die Schüler ahnen, je nach Vorkenntnissen, einen Denkfehler in dieser Darstellung. Sie sind sich aber nicht im Klaren darüber, worin er besteht. Einerseits vermuten sie, daß die Maschine nicht funktionieren kann, sonst würde sie heute noch existieren. Andererseits können sie die Darstellung des Phänomens auch nicht widerlegen.

Der Widerspruch besteht also zwischen der „heimlichen" (da nicht zureichend begründeten) Theorie I, daß ein derartiges Perpetuum Mobile nicht funktionieren kann, einerseits und einem unvollständigen Verständnis der Eigenschaften von Magneten („heimliche" Theorie II) andererseits.

Gruppe E: Widerspruch zwischen heimlichen Theorien und früher erworbenem Wissen

Als Beispiel hierzu folgendes stark vereinfachtes Problem:

Schlägt ein Blitz in einen Baum, so hat ein in der Nähe stehender Mensch weitaus größere Überlebenschancen, als ein liegender. Die Potentialdifferenz zwischen seinen Füßen ist stehend verhältnismäßig gering.

Erzählt man dazu eine entsprechend ausgeschmückte Geschichte, so greifen die Schüler gern auf ihre heimliche Theorie zurück, daß man sich bei einem Gewitter auf den Boden legen soll. Sie geraten in einen Konflikt zwischen der neuen Information aus der Geschichte und ihrem vermeintlichen Wissen.

---

[1] vgl.: *Walker, J.*: Der fliegende Zirkus der Physik. München – Wien 1980

[2] vgl.: *Makejewa, P. W. / Zedrik, M. S.*: Verwunderliches aus der Physik I. Deutsch-Taschenbücher, Nr. 2. Thun und Frankfurt/Main 1981

[3] Zit. nach *Walker, J.*: a. a. O.: S. 171

Gruppe F: Widerspruch zwischen früher und neu erworbenem Wissen
Widersprüche zwischen früher und neu erworbenem Wissen sind typisch für die Forschung in der Physik. Es existiert eine Theorie über physikalische Zusammenhänge, neue Erkenntnisse stellen diese aber in Frage.

Ein Beispiel aus der Sekundarstufe II wäre der „Widerspruch" zwischen der Korpuskeltheorie und der Wellentheorie des Lichts. Ein Beispiel aus der Sekundarstufe I wäre die Aufgabe, die in einem Zeitungsbericht angegebene Endgeschwindigkeit eines Fallschirmspringers zu kontrollieren, die er nach einem „freien" Fall von 4 000 m erreicht hat. Die Schüler errechnen (ohne Berücksichtigung des Luftwiderstandes) eine Geschwindigkeit, die wesentlich höher ist, als die in der Zeitung angegebene. Das Gesetz für den freien Fall, die Rechnung oder die Information der Zeitung werden in Frage gestellt.

Ob nun Schüler-, Demonstrations- oder Gedankenexperiment, ob Aufgabe oder nur eine Frage, eines ist allen gemein: Eine Zuordnung zu den einzelnen Gruppen hängt auch davon ab, welcher Aspekt in einem Experiment besonders herausgestellt werden soll. Es ist also durchaus denkbar, daß der Einsatz verblüffender Experimente durch einen Konflikt möglichst viele Schüler motiviert, wird größer, wenn

- die Zuordnung im Hinblick auf die jeweilige Schülergruppe eindeutig ist,
- die intellektuellen Voraussetzungen und Fertigkeiten der Lerngruppe sowie die Möglichkeiten der Schule und auch des Lehrers selbst treffend eingeschätzt werden.

Vom vorauszusetzenden Wissen und vom intellektuellen Anspruch her sind die verschiedenen Arten gedanklicher Konflikte unterschiedlich zu bewerten. Um beispielsweise den vermuteten „Widerspruch" zwischen der Korpuskulartheorie und der Wellentheorie des Lichtes (Gruppe F) zu erfassen und aufzuklären, sind nicht nur umfassende theoretische Kenntnisse erforderlich, es muß auch die Fähigkeit zum abstrakten Denken vorhanden sein, was bei den Schülern durchweg erst im höheren Alter der Fall ist.

So wird verständlich, daß die im 3. Kapitel beschriebenen Beispiele, die ja für die Sekundarstufe I ausgewählt worden sind, lediglich zu Konflikten der Gruppen A bis C führen. Die letzten drei Arten gedanklicher Konflikte bleiben weitgehend der Sekundarstufe II vorbehalten.

2.5 Zur methodischen Planung verblüffender Experimente

Unter dem Aspekt der methodischen Planung ist zu überlegen, auf welchen Lernstufen verblüffende Experimente effektiv einsetzbar sind.

Für den Physikunterricht sind eine Reihe problemorientierter Stufenmodelle vorgelegt worden[1]. Sie alle zielen darauf, die Unterrichtsprozesse nach den vermuteten Lernphasen der Schüler zu strukturieren, so daß es möglich wird, den Medieneinsatz gezielt zu planen und zu steuern.

Wenn solche Schemata auch in der Praxis nur selten in idealtypischer Gestalt ablaufen, wird erst auf ihrem Hintergrund recht deutlich, welche didaktischen Funktionen verblüffende Experimente in speziellen Lernsituationen übernehmen können.

Das von *Roth* entwickelte „allgemeine Lernstufenschema"[2] sei herangezogen, nicht nur weil es recht übersichtlich ist, sondern auch weil es von vielen Physiklehrern zur Unterrichtsplanung verwendet wird. Obwohl es nicht speziell für den Physikunterricht gedacht ist, entspricht es in seinen Grundzügen dem naturwissenschaftlichen Forschungsverfahren und hat außerdem den Vorteil, daß es auch dann anwendbar ist, wenn „Lösungen" mit experimentellen Mitteln nicht möglich sind, wie etwa bei der Einführung neuer Modellvorstellungen, physikalischer Prinzipien oder der Definition von physikalischen Begriffen.

Anhand der Folge der Rothschen Lernstufen lassen sich die methodischen Möglichkeiten des Einsatzes verblüffender Experimente abschätzen.

Es zeigt sich, daß verblüffende Experimente immer dann gut einsetzbar sind, wenn Probleme in den Fragehorizont der Schüler gerückt werden sollen, deren Lösung noch unbekannt ist.

In der Stufe 4, wo es darum geht, die bereits vermutete Lösung zu einem Problem zu überprüfen, haben verblüffende Experimente keinen Platz. Die hier zu entwickelnden Experimente entsprechen in ihrem Charakter mehr dem wissenschaftlichen Experiment in der Physik zur Verifizierung oder Falsifizierung einer Hypothese. Die Planung eines solchen Versuches ist weitgehend ein technisches Problem.

Die eigentliche Domäne für verblüffende Experimente sind die zusammengehörenden Stufen 1, 2 und 3. In der Stufe 1 kann der motivierende Charakter ihres überraschenden Ausgangs die Lernbereitschaft besonders herausfordern, so daß es nach Formulierung des Problems in Stufe 2 zu eifrigen Lösungsbemühungen der Schüler in Stufe 3 kommt. Der Neuigkeitsgehalt der Beobach-

---

[1] Eine Zusammenstellung solcher methodischen Konzepte findet sich in: *Pankratz, V. / Puchtinger, F.* u. a.: „Naturwissenschaftlicher Unterricht", Frankfurt 1976, S. 4ff.

[2] *Roth, H.*: „Pädagogische Psychologie des Lernens und des Lehrens", Hannover 1963

Lernstufen	Intention	Bewertung der Anwendbarkeit verblüffender Experimente
1. Stufe der Motivation	Weckung eines Lernmotivs, Erwachen eines Lernwunsches	**sehr gut möglich:** verblüffende Experimente führen zur Problemgewinnung und zu Lösungsvorschlägen
2. Stufe der Schwierigkeit	Entdeckung der Schwierigkeit, Problemgewinnung	
3. Stufe der Lösung (hypothetisch)	Ein möglicher Lösungsweg wird gefunden (Meinungsbildung)	
4. Stufe des Tuns und Ausführung	Die hypothetische Lösung wird erprobt (im PhU zumeist experimentell)	**nicht möglich**
5. Stufe des Behaltens und Einübens	Festigung des Arbeitsergebnisses, Variation von Anwendungen	**z. T. möglich** neue Reizsituationen führen zum Anwenden und Überlernen gewonnener Einsichten
6. Stufe der Integration und Bereitstellung	Das in Phase 5 Gefestigte wird in einen größeren Zusammenhang eingeordnet	**kaum möglich**

tung spielt dabei eine wichtige Rolle. Um ihn schon vorher abschätzen zu können, sollte der planende Lehrer bedenken, welche Vorstellungen die Schüler zu dem zu untersuchenden Problem wohl mitbringen. Zu berücksichtigen ist aber auch, worin die Schüler die Lösung des Problems vermuten dürften und inwieweit diese Vermutungen mit dem Unterrichtsziel in Zusammenhang stehen.

Erst wenn die Zielsetzung mit dem durch das verblüffende Experiment ausgelösten Lernmotiv, der Problemerfassung und den dazu entwickelten Lösungsvorschlägen im Einklang steht, ist eine effektive Unterrichtsführung möglich.

Beispiel: Im Motivationsversuch wird gezeigt, wie eine brennende Zigarette gegen ein Taschentuch gedrückt wird, das fest um ein Fünfmarkstück gewickelt ist (vgl.: 3.4.16 S. 186). Es entsteht keine Brandspur.

Die Vorstellungen, die Schüler mitbringen, basieren auf Beobachtungen, bei denen glühende Gegenstände Brandstellen in Textilien hinterlassen. Der Neuigkeitsgehalt liegt also in dem verblüffenden Ausgang des Versuchs, den es zu klären gilt. (Problem: Wodurch wurde verhindert, daß das Taschentuch nicht angesengt ist?)

Damit deutlich wird, daß das Fünfmarkstück dabei eine Rolle spielt, könnte mit brennender Zigarette ein Loch in ein freihängendes altes Tuch gebrannt werden. Die Vermutung, daß die Wärme durch das Fünfmarkstück abgeleitet wird, dürfte den Schülern dann nicht schwerfallen, da sie sich auf dieser Altersstufe die Wärme meist als eine Substanz vorstellen, die durch feste Körper hindurchwandern kann. Die beabsichtigte Zielsetzung, den Begriff Wärmeleitung durch feste Stoffe einzuführen, erscheint also auf diesem Wege erreichbar.

Als weiterer wichtiger Bereich für den Einsatz verblüffender Experimente erweist sich die Stufe 5, in der es um Einüben und Behalten erworbener Einsichten geht. Für Formen des Wiederholens durch Abfragen, des Übertragens ins Merkheft, des Rechnens von Übungsaufgaben, der Codierung durch Kraftpfeile und für graphische Darstellungen sind verblüffende Experimente allerdings nicht verwendbar. Anders ist es bei Anwendungsbeispielen mit höherem Schwierigkeitsgrad, in denen das Gelernte noch einmal in Frage gestellt wird und erst durch vertiefende Betrachtung seine Allgemeingültigkeit erweist. Der Lehrer muß dabei abschätzen, welche Schwierigkeit er seinen Schülern zumuten kann.

Beispiel: Nach Einführung in den Elektromagnetismus werden die Schüler aufgefordert, mit Hilfe eines Nagels als Eisenkern und eines Kupferdrahtes, der als Spule um den Nagel herumzuwickeln ist, einen Elektromagneten herzustellen. Durch Anschluß an eine Batterie soll der Stromkreis geschlossen werden und dann mit Hilfe von Büroklammern aus Eisen die Funktionsfähigkeit erprobt werden. Die Versuchsanordnung wird dabei so variiert, daß der Draht einmal einfach und das andere Mal doppelt genommen aufgewickelt wird (vgl. 3.2.7 S. 104).

Da die bifilare Spule nicht funktioniert, kommen die Schüler in einen gedanklichen Konflikt, der sich erst aufklärt, nachdem die Richtung der magnetischen

Feldlinien in die Überlegung einbezogen wird. Da der Strom gegenläufig fließt, heben sich die Magnetfelder gegenseitig auf.

Der verblüffende Ausgang des Experimentes hat die Schüler zunächst verunsichert, ob ihr Wissen über Elektromagnetismus allgemeingültig anwendbar ist. Im Endeffekt aber hat er dazu beigetragen, die gewonnenen Einsichten zu vertiefen. Der Schwierigkeitsgrad der Lösung dürfte dabei einem 8. Schuljahr angemessen sein.

In der Stufe 6 soll die neue Einsicht mit zuvor Gelerntem verknüpft und somit in größere Zusammenhänge eingeordnet werden. Verblüffende Experimente dürften dabei durchweg fehl am Platze sein, müssen doch die Schüler Transferakte vollziehen, die im Sicherinnern, Vergleichen und Analogiebilden ihren Anfang haben.

Beispiel: Reibungsvorgänge werden auf das Prinzip von Kraft und Gegenkraft zurückgeführt.

Möglich ist auch, daß eine Verallgemeinerung in Form einer Zusammenschau erfolgt, nachdem zuvor eine Reihe von Phänomenen isoliert betrachtet wurden.

Beispiel: Nach Behandlung von „Wärmeleitung", „Wärmeströmung", „Wärmestrahlung" werden unter dem Gesichtspunkt der Unterscheidungsmerkmale die Arten der Wärmeausbreitungen typisiert.

Die Anregungen zu solchen Verallgemeinerungen werden in der Regel vom Lehrer kommen müssen.

Fazit: Wenn man die Möglichkeiten zur Einbeziehung verblüffender Experimente auf einzelnen Lernstufen betrachtet, treten die didaktischen Intentionen, unter denen ihr Einsatz erfolgen sollte, in Erscheinung:

1. einleitend, zu Beginn eines Lernprozesses, damit ein Lernwunsch provoziert und das Problem erfaßt wird,
2. zur Vertiefung und Festigung von Einsichten, damit das Gelernte zunächst in Frage gestellt und dann durch genauere Betrachtung dessen Allgemeingültigkeit erkannt wird.

Wichtig dabei ist, daß der Lehrer schon bei der Planung stets die Zielsetzung und die Lernvoraussetzungen seiner Schüler im Auge hat.

2.6 Der Lehrstil spielt eine mitentscheidende Rolle

Ein verblüffendes Experiment ist dann gut, wenn von ihm Impulse ausgehen, die beim Schüler eine Steigerung der Lernbereitschaft hervorrufen.

Ein verblüffendes Experiment ist schlecht, wenn es als Selbstzweck eingesetzt wird und zu keinem Lernergebnis führt.

Der Weg muß immer vom Experiment, einem Phänomen also, zur Frage des Schülers nach der Ursache führen. Die Frage darf dem Schüler nicht vorgegeben werden. Er muß sie sich vielmehr selbst zu eigen machen. Damit kann eine Situation geschaffen werden, in der gelöstes und intensives Lernen möglich ist.

Um den Erfolg eines Versuches zu gewährleisten, muß der Lehrer auch bereit sein, durch spannungserzeugende Mimik, Gestik oder Erzählkunst einen Widerspruch zu verstärken oder erst aufzudecken. Auf keinem Fall darf es passieren, daß die Durchführung eines verblüffenden Experiments auf eingefahrenen Gleisen zur Routine wird. Gerade bei jüngeren Schülern ist aufgefallen, daß sie von einem Experiment gefesselt waren und den Versuch immer wieder sehen wollten. Der Lehrer muß dann in der Lage sein, die Situation richtig einzuschätzen und den Schülern den Freiraum geben, (z. B. ein Schülerexperiment wiederholen zu lassen) auch dann, wenn es auf den ersten Blick überflüssig erscheint.

Es kann doch kaum etwas besseres passieren, als daß Schüler sich selbständig mit Physik auseinandersetzen.

Auf der anderen Seite kann der Einfluß des Lehrers auch zur Verminderung der Lernbereitschaft führen oder aber bedeutungslos werden.

- Ein Lehrer, der den Schülern wenig Freiraum läßt, behindert die Arbeit mit verblüffenden Experimenten.
- Greift der Lehrer zu oft ein, kann sich beim Schüler kein gedanklicher Konflikt aufbauen.
- Wird durch ein verblüffendes Experiment bei den Schülern kein Konflikt hervorgerufen, hilft auch die größte Redekunst des Lehrers nicht mehr weiter.

Aus einem verblüffenden ist ein konventioneller Versuch geworden, mit dessen Hilfe nur über eine andere Motivation noch hinreichend gelernt werden kann.

Resümee zum Einsatz verblüffender Experimente im Unterricht:

Die Entscheidung darüber, wann und wo verblüffende Experimente im Physikunterricht eingesetzt werden, hat jeder Lehrer nach eingehender Prüfung selbst zu treffen.

Dabei können sowohl die Matrix (vgl. Abschnitt 2.4) als auch die von uns ausgewählten Experimente lediglich eine Hilfe sein.

Aussagen über die Effektivität verblüffender Experimente müssen sich daran messen lassen, ob die Schüler in einen gedanklichen Konflikt geraten sind, und wie weit sie ihn durch Wissenserwerb zu reduzieren versuchen.

3 Die Experimente

Die Beschreibung zu jedem Experiment ist in sieben Teile gegliedert. Mit den Angaben über die benötigten Geräte und Materialien, Beschreibung, Durchführung und Ergebnis des Versuches soll sich der Leser schnell einen Überblick verschaffen können, um zu entscheiden, ob er diesen Versuch in seinem Unterricht einsetzen kann.

Unter „Erklärung" ist stichwortartig die Theorie zum Experiment zusammengestellt. Sie ist meist sehr knapp gehalten. Die verwendeten Fachtermini geben die Möglichkeit, in den einschlägigen Lehrbüchern nachzuschlagen[1].

Der Abschnitt „Möglicher Konflikt" ist stark von unseren Erfahrungen mit den Schülern beim Einsatz der Experimente geprägt. Ob der jeweils angegebene Konflikt, die Verblüffung also, erreicht werden kann, muß vom Lehrer im Blick auf sich selbst und seine Schüler geprüft werden. Vielleicht steckt noch viel mehr in den Experimenten.

Unsere Erfahrung mit Experimenten haben wir unter „Einsatz im Unterricht" zu skizzieren versucht. Fast jedes Experiment wird sich in verschiedenen Jahrgangsstufen und unterrichtlichen Situationen einsetzen lassen. So manch ein Experiment brachte Schüler der Klasse sechs zum Staunen und selbst Abiturienten standen beim gleichen Experiment vor einem Rätsel.

Die knappe Beschreibung unserer Erfahrungen kann demnach nicht mehr als eine Hilfe für den Lehrer sein, Ansatzpunkte für den Einsatz des Experiments in seinem Unterricht zu finden.

Im Abschnitt „Weitere Zusammenhänge" versuchen wir, das Experiment in einen größeren Rahmen einzuordnen. Eines der Ziele in unserem Unterricht ist es nämlich, den Schülern zu zeigen, wo das jeweilige Experiment in ihrer Umwelt wiederzufinden ist. Hin und wieder bietet es sich an, Ansatzpunkte aufzuzeigen, die es den Schülern ermöglichen, selbständig am Experiment weiterzuarbeiten.

---

[1] z. B. in: *Gerthsen, C. / Kneser, H.O. / Vogel, H.*: Physik. Berlin, Heidelberg, New York 1974 oder *Bergmann L. / Schaefer, C.*: Lehrbuch der Experimentalphysik. Band I, II und III. Berlin, New York

3.1 Auch Newtons Mechanik gibt Rätsel auf

3.1.1 Kein k. o. für den Lehrer

Geräte und Materialien

1. eine möglichst schwere Kugel (Sportgerät, 5 kg oder 7,25 kg)
2. ein festes Einkaufsnetz
3. 5 m möglichst dünnes Nylonseil (in der Sporthalle erhältlich)

Beschreibung und Durchführung

Die Kugel wird in das Netz gelegt. Das Seil wird gut am Netz verknotet und mit dem anderen Ende so an der Decke eines möglichst hohen Raumes (> 4 m) befestigt, daß die Kugel wenige cm über dem Fußboden frei schwingen kann. Der besondere Reiz des Experiments beginnt damit, daß der Lehrer, mit dem Rücken fest an einer Wand stehend, die Kugel bis zu seiner Kinnspitze auslenkt. Dann läßt er die Kugel los und bleibt ruhig auf der Stelle stehen. Er sollte sich hüten, die Kinnspitze vorzuschieben oder der Kugel einen kleinen Stoß mitzugeben.

Ergebnis

Die Kugel wird in keinem Fall das Kinn des Lehrers wieder berühren, sofern er den Kopf ruhig hält und die Kugel keine zusätzliche Beschleunigung erfährt.

Erklärung

Die Reibungsverluste sind zwar sehr gering, reichen aber dennoch aus, die Kugel daran zu hindern, ihren Ausgangspunkt wieder zu erreichen. Reibungskräfte in der Aufhängung des Seils an der Decke und der Luftwiderstand von Seil und Kugel sind die bestimmenden Faktoren für den Energieverlust des Pendels.

Möglicher Konflikt

Die Schüler sind der Meinung, daß die Kugel den Ausgangspunkt wieder erreichen könnte, und zum k. o. des Lehrers führt. Durch den Reiz verstärkt, der von einem möglichen k. o. des Lehrers ausgeht, lassen sie außer acht, daß der Kugel durch Reibung Energie verloren geht. Es kommt zu einem Konflikt zwischen dieser heimlichen Theorie und der wiederholten Beobachtung des Experiments. Gruppe B.

Einsatz im Unterricht

Nach der Vorführung des Experiments sollte man sich etwas Zeit nehmen: Die Schüler möchten gerne den Platz des Lehrers einnehmen. Außerdem kann ein

Gespräch mit den Schülern über die Frage, ob es nun wirklich auszuschließen sei, daß die Kugel auch bei einer Vielzahl von Versuchen über ihren Ausgangspunkt hinausschießt, sehr ergebnisreich sein. Die Allgemeingültigkeit von Naturgesetzen muß dabei zur Sprache kommen. Geht man auf das eigentliche Experiment ein, muß der Energieerhaltungssatz im Mittelpunkt stehen. Die Reibungsverluste lassen sich in einer Meßreihe sehr gut bestimmen.

Weitere Zusammenhänge

– Reibungsverluste treten sogar bei der Drehung des Mondes um die Erde auf.
– Es gibt eine Vielzahl von Perpetuum Mobiles, die es wert sind, im Unterricht besprochen zu werden[1, 2, 3, 4].
– Gesprächsanregung: Welche Auswirkung hätte das plötzliche Verschwinden aller Reibungskräfte für das alltägliche Leben?

3.1.2. Zwei haltbare Papierschlaufen

Geräte und Materialien

1. Leiste (15x30 mm) von 60 bis 70 cm Länge aus sprödem Holz. Am besten eignet sich ein Streifen von einer Spanplatte.
2. zwei Papierstreifen, 15 mm breit und etwa 40 cm lang
3. kräftige Holzplatte (1 cm lang)
4. Stativmaterial
5. Klebstoff

Beschreibung und Durchführung

Die beiden Papierstreifen werden jeweils zu einer Schlaufe verklebt. Entsprechend der Skizze (Abb. 1.2/1) hängt man die Schlaufen auf die Enden zweier Stativstangen. In diese Schlaufen wird die Holzleiste gelegt. Nun schlägt man mit einem kräftigen Holzknüppel kurz aber heftig auf die Mitte der in den Papierschlaufen hängenden Leiste. Man sollte die Kanten der Leiste an den Enden leicht abrunden, um ein Durchscheuern der Schlaufen zu verhindern.

---

[1] vgl.: *Walker, J.*: Der fliegende Zirkus der Physik. R. Oldenbourg Verlag, München 1977

[2] vgl. *Makejewa, G.P. / Zedrik M. S.*: Verwunderliches aus der Physik I. Deutsch-Taschenbücher Nr. 2, Thun und Frankfurt/Main 1981

[3] vgl. *Makowetzki, P. W.*: Schau den Dingen auf den Grund. Deutsch-Taschenbücher Nr. 15, Thun und Frankfurt/Main 1980

[4] vgl.: *Lange, N. W.*: Physikalische Paradoxa und interessante Aufgaben. Deutsch-Taschenbücher Nr. 20, Thun und Frankfurt/Main 1975

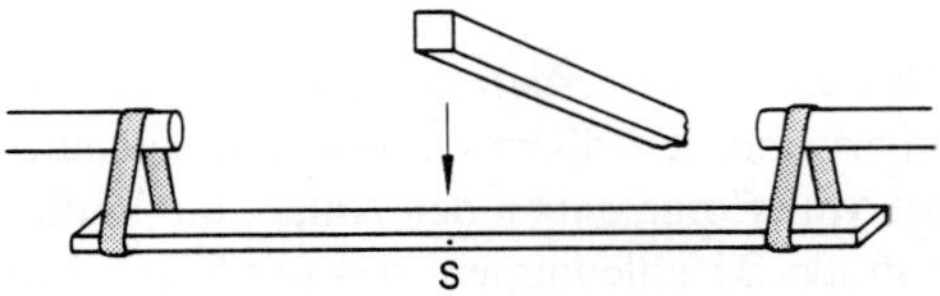

Abb. 1.2/1: Durch einen kurzen, heftigen Schlag zerbricht die Leiste, ohne daß die Schlaufen reißen

Mit einer Variante läßt sich der verblüffende Effekt des Versuchs erhöhen. Dazu legt man die Leiste mit ihren Enden auf die Ränder zweier Weingläser und schlägt nun ebenfalls auf die Mitte der Leiste.

Ergebnis

In beiden Fällen wird die Leiste in der Mitte zerbrechen, ohne daß die Schlaufen zerreißen oder die Gläser zerstört werden.

Erklärung

Wegen der Massenträgheit der Leiste wird bei einem kräftigen Schlag die Kraft auf die Schlaufen übertragen. Dadurch, daß sie bricht, wird sie sogar an den Enden angehoben, denn die beiden Lattenhälften drehen sich um ihre neuen Schwerpunkte (s. Abb. 1.2./2). Zu einer exakteren Beschreibung des Versuchs müssen die beiden ersten Newton'schen Axiome, nämlich das Trägheitsprinzip und das Grundgesetz der Mechanik ($F = ma$) herangezogen werden. Dabei ist a die Beschleunigung der Leiste, die durch den Schlag auftritt, m die Masse der Leiste und F die daraus resultierende Kraft, die die Leiste aufnehmen muß. Eine exakte Berechnung ist damit allerdings nicht möglich, da die Leiste sich nicht wie ein starrer Körper verhält.

Möglicher Konflikt

Die Schüler erwarten, daß die Schlaufe mit Sicherheit zerreißen wird. Diese Vermutung resultiert aus ihrer alltägliche Erfahrung, daß Papier nur geringe Kräfte aufnehmen kann. Daß an den Papierschlaufen praktisch keine Kräfte angreifen, ist für die Schüler nicht erkennbar. Sie gehen bei ihren Überlegungen von einer falschen Voraussetzung aus. Ihr bisheriges Wissen gerät in Widerspruch mit der Beobachtung. Gruppe C.

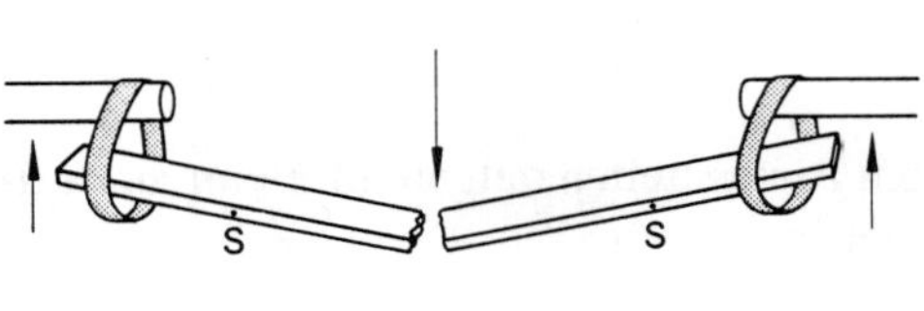

Abb. 1.2/2: Nach dem Schlag drehen sich die Bruchstücke um ihren Schwerpunkt

Einsatz im Unterricht

Nach der Versuchsvorführung ließen wir den Versuch durch einige Schüler wiederholen. Bei den meisten Schülerversuchen riß zumindest eine Schlaufe, da sie zu zaghaft zuschlugen. Diese Mißerfolge gaben den Anlaß, die Bedingung für ein Gelingen (möglichst große Beschleunigung des mittleren Teils der Leiste) zu diskutieren. Die Schüler waren in der Lage dieses Gespräch zu führen, da sie in den vorhergehenden Stunden das Phänomen der Trägheit in anderen Experimenten kennengelernt hatten (siehe weitere Zusammenhänge). Das Verständnis des Versuchs wird den Schülern erleichtert, wenn man eine Latte frei fallen läßt und im Fallen zuschlägt, oder eine Latte aus elastischem Material in die Schlaufe legt und zu durchschlagen versucht.

Weitere Zusammenhänge

- Trägheit bei Beschleunigungsvorgängen in Autos, Raketen, beim Laufen oder Werfen.
- Ein offenes mit Wasser gefülltes Gefäß schwappt über, wenn man es anstößt.
- Ein Ball verformt sich, wenn er gegen eine Wand geworfen wird.
- Eine lose auf einem Wagen liegende Kugel befindet sich nur dann in Ruhe, wenn der Wagen nicht beschleunigt wird. Zur Demonstration baut man eine gerade Gleisstrecke einer Modelleisenbahn auf. In den Wagen eines Zuges wird die Kugel gelegt.
- Demonstration der Trägheit mit Fahrbahnexperimenten

3.1.3 Ein Fünfmarkstück läßt sich nicht aus der Ruhe bringen

Geräte und Materialien

1. ein Fünfmarkstück
2. ein Papierstreifen 15x1 cm

Beschreibung und Durchführung

Der Papierstreifen wird so auf den Tisch gelegt, daß etwa 10 cm überstehen. Am Ende des Streifens auf dem Tisch wird das Fünfmarkstück aufgestellt. Dann wird am anderen Ende des Streifens vorsichtig gezogen, bis die Münze fast an der Tischkante steht. Jetzt wird der Papierstreifen mit einem Ruck weggezogen, indem man mit dem Zeigefinger der anderen Hand schnell darauf schlägt (s. Abb. 1.3).

Ergebnis

Das Fünfmarkstück wird zuerst vom Papierstreifen mitgeführt. Beim ruckartigen Wegziehen bleibt die Münze stehen.

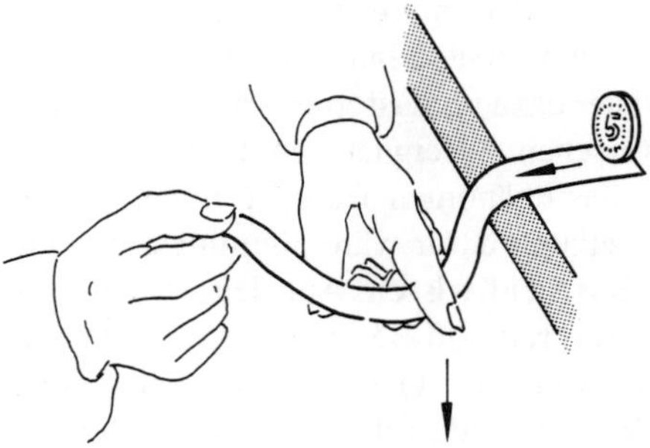

Abb. 1.3: Die Trägheit verhindert, daß das Fünfmarkstück mitgeführt wird

Erklärung

Zwischen Papierstreifen und Münze sowie zwischen Papier und Tischplatte besteht Haftreibung, die hauptsächlich durch die Gewichtskraft der Münze bedingt ist. Wegen unterschiedlicher Oberflächenbeschaffenheit (Reibungszahl) ist die Haftreibung zwischen Papier und Münze jedoch geringfügig größer als die zwischen Papier und Tischplatte. Daher wird die Münze vom Papierstreifen mitgenommen, wenn dieser langsam in gleichförmige Bewegung gesetzt wird. Die bei der Beschleunigung der Münze auftretende Trägheitskraft kann dabei so gering gehalten werden, daß die Münze nicht kippt.

Wird der Papierstreifen dagegen ruckartig weggezogen, geht auch die Haftreibung zwischen Münze und Papier in die vergleichsweise geringe Gleitreibung über. Gegen die Trägheit der Münze wird daher die beschleunigende Kraft des Papiers nicht auf diese übertragen. Die Münze bleibt in Ruhe.

Möglicher Konflikt

Auswirkungen der Trägheit kennen die Schüler zwar vielfältig aus Beobachtungen aller Art, wie etwa vom Kurvenfahren, vom Anfahren und Bremsen, aus der Raumfahrt. Einige dieser Phänomene dürften auch bereits im Unterricht angesprochen sein, z. B. auch im Verkehrsunterricht. Der Versuch mit dem Fünfmarkstück führt aber zu einem besonderen Überraschungseffekt, daß nämlich die Münze wie unbeeinflußt stehen bleibt, obwohl der Papierstreifen darunter weggezogen wird. Die Schüler zweifeln deshalb daran, ob ihr noch unsicheres Wissen über Trägheit hier überhaupt anwendbar ist. Konflikt der Gruppe C.

Einsatz im Unterricht

Wenn auch die Schüler die Auswirkungen der Trägheit täglich erleben, erscheint es ihnen oft trivial, darüber genauer nachzudenken und Vorgänge wie Kurvenfahrt, Beschleunigung eines Fahrzeugs, freier Fall o. ä. auf ihren physikalischen Zusammenhang zu untersuchen.

Der Lehrer ist deshalb genötigt, nach passenden, motivationsträchtigen Sachbegegnungen Ausschau zu halten. Der Münzversuch mit seinem überraschenden Ausgang ist ein solches Beispiel, da er dazu herausfordert, die Hintergründe für das Beharren der Münze zu erforschen. So eignet sich der Versuch besonders als Einführungsversuch, wenn das Phänomen Trägheit in den Fragehorizont gerückt werden soll. Voraussetzung dafür wäre allerdings, daß die Schüler über Reibungskräfte bereits Bescheid wissen. Auf den Zusammenhang zwischen Trägheit, Reibung, Schwerkraft und Beschleunigung sollte lediglich phänomenologisch eingegangen werden. Für eine Mathematisierung der Gesetzmäßigkeiten fehlen in der Sekundarstufe I die Voraussetzungen.

Weitere Zusammenhänge
- Bremsweg und Anhalteweg
- Beschleunigung von Fahrzeugen
- Bedeutung von Sicherheitsgurten
- Trägheit und Fliehkraft

3.1.4 Wie kommt die Kugel in den Becher?

Geräte und Materialien
1. Dachlatte oder Holzleiste, etwa 1 m lang
2. Joghurtbecher
3. handelsübliches Scharnier, 30 bis 40 mm breit
4. Holzschrauben zur Befestigung des Scharniers
5. Klebstoff oder Nagel zur Befestigung des Bechers
6. Kugel aus nicht zu leichtem Material, ca. 20 mm Durchmesser (Kickerball, Kugel aus Kugellager, große Glasmurmel, ...)

Beschreibung und Durchführung
Der Versuch wird nach Skizze (Abb. 1.4/1) mit den angegebenen Maßen aufgebaut. Das auf dem Boden liegende Lattenstück braucht nicht befestigt zu werden. Es reicht, wenn ein Schüler bei der Demonstration einen Fuß darauf setzt. Der mit einer Reißzwecke auf der Latte befestigte Becher sollte mit etwas Zeitungspapier ausgelegt werden, damit die Kugel nicht wieder herausspringt. Eine Kerbe oder eine Bohrung in der Latte hält die Kugel in ihrer Ausgangsposition. Der Abstand zwischen Kugel und Becher hängt von der Fallhöhe ab. Er kann durch Probieren leicht ermittelt werden. Eventuell muß der Becherrand abgeschnitten werden, damit Kugel und Becherrand etwa auf gleicher Höhe liegen.

Zur Demonstration des Versuchs wird die Latte auf die zuvor ermittelte Höhe angehoben und dann losgelassen.

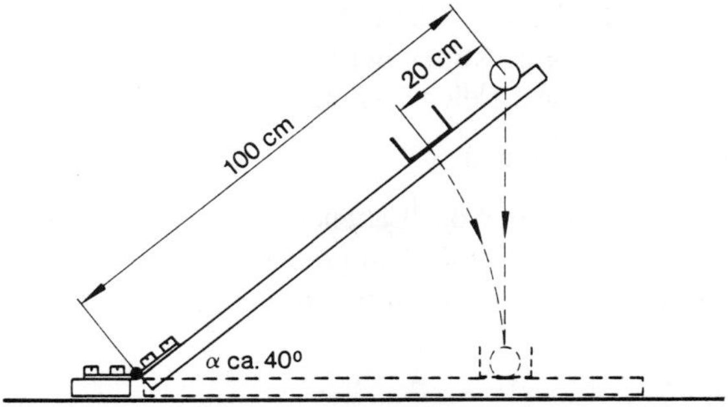

Abb. 1.4/1: Die Kugel fällt in den Becher

Ergebnis
Die Kugel wird nach dem Aufprall der Latte im Becher zu finden sein.

Erklärung
Die Kugel beginnt frei zu fallen, sobald man das Brett losläßt. Das ist für das Lattenende mit Becher nicht möglich, denn es hat beim Fall einen längeren Weg zurückzulegen als der Schwerpunkt der Latte. Da es sich um einen starren Körper handelt, muß sich das Lattenende schneller bewegen, um gleichzeitig mit dem Schwerpunkt den Boden zu erreichen. Auch die geringere Reibung der Kugel in der Luft kann nichts daran ändern, daß der Becher vor der Kugel den Boden erreicht.

Für genauere Untersuchungen faßt man das Ganze als eine beschleunigte Drehbewegung um das untere Lattenende auf. Für große Startwinkel gewinnt die Winkelabhängigkeit des Drehmoments merklichen Einfluß, was zu einem langsameren Fall der Latte führt.

Möglicher Konflikt
Die Schüler haben gelernt, daß alle Körper gleich schnell fallen, wenn man von der Luftreibung absieht. Unter Berücksichtigung der Reibung müßte das Brett sogar noch langsamer fallen. Die Kugel kann also, so die Meinung der Schüler, unmöglich im Becher landen. Es entsteht ein Widerspruch zwischen dem zuvor Gelernten und der Beobachtung der Schüler. Gruppe C.

Einsatz im Unterricht
In den vergangenen Stunden wurden die Gesetze des freien Falls behandelt. Mit diesem Experiment soll den Schülern nocheinmal der Begriff „freier Fall" verdeutlicht und die Grenzen des Satzes „Im Vakuum fallen alle freien Körper gleich schnell" gezeigt werden. (Das obere Ende der Latte ist kein frei fallender Körper und der Versuch wird nicht im Vakuum durchgeführt).
Es bietet sich an, die Vorführung des Versuchs in 2 Phasen vorzunehmen.

1. Phase, Vorbereitung: Lehrer oder Schüler (der den Versuch als Referat zu Hause vorbereitet hat) läßt die Latte ohne Kugel und Becher drehend fallen. Sofort danach wird die Kugel alleine aus gleicher Höhe fallen gelassen.

Welcher der beiden Gegenstände fällt schneller?

Die Schüler kommen zu dem Ergebnis, daß das Lattenende langsamer als die Kugel fällt. Sie begründen ihre Vermutung mit dem größeren Luftwiderstand der Latte und einem nicht näher beschriebenen Einfluß des aufgestützten Lattenendes.

2. Phase, Durchführung: Das Experiment wird nach der angegebenen Versuchsbeschreibung vorgeführt. Nach der Vorführung befragten wir die Schüler nach ihrer Erklärung des Versuchs. Nachdem einige falsche Ansätze („Die Kugel liegt höher als der Becher"; „die Kugel drückt die Latte zu Beginn hinunter"; ...) diskutiert wurden, kam ein Schüler auf die Idee, die Schwerkraft im Schwerpunkt der Latte angreifen zu lassen. Nun wurde die Fallzeit für Latte und Kugel mit den Gesetzen des freien Falls berechnet. Es zeigte sich, daß die Kugel etwa die doppelte Zeit braucht um den Boden zu erreichen, als der Schwerpunkt der Latte (bei 45° etwa die doppelte Höhe). Danach wurden noch einige Anwendungsbeispiele besprochen und rechnerisch überschlagen (siehe weitere Zusammenhänge).

Zur Veranschaulichung kann den Schülern noch folgendes Experiment gezeigt werden:
Die drehbar gelagerte Latte wird durch eine andere ersetzt, die folgendermaßen hergestellt werden kann (s. Abb. 1.4/2):
Zwei gleichgroße Lattenstücke werden bis auf einen Zwischenraum von etwa 2 bis 3 cm aneinandergelegt und durch Verwendung zweier Papplaschen und Reißzwecken lose miteinander verbunden. Genauso wie im beschriebenen Versuch, allerdings ohne Becher und Kugel, läßt man die Latte fallen. Die obere Lattenhälfte erreicht deutlich später den Boden.

Weitere Zusammenhänge

- Abbruch von Schornsteinen und Fällen von Bäumen: Wieso knickt der Schornstein in der Mitte ein, und wieso bricht die Krone der Bäume oft ab? (Beim letzteren Beispiel muß allerdings der Luftwiderstand des Blattwerks berücksichtigt werden.)

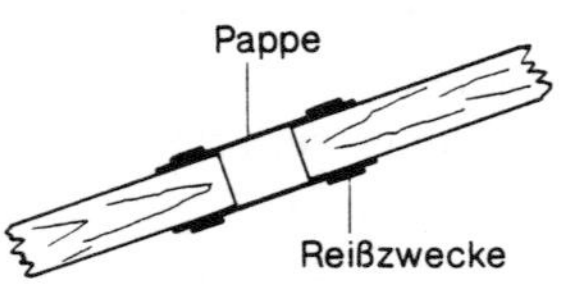

Abb. 1.4/2: Detailzeichnung der Latte für den Zusatzversuch

3.1.5 1 kg = 2 kg?

Geräte und Materialien

1. drei Seilscheiben mit Stiel
2. drei Federkraftmesser, Meßbereich 10 N
3. drei Massenstücke je 1 kg
4. 1 m dünne Kordel
5. Stativmaterial

Beschreibung und Durchführung

Zuerst wird Versuch A aufgebaut. Das zu erwartenden Ergebnis wird vom Lehrer erfragt und demonstriert. Für Versuch B liegt das Material bereit. Die Veränderung des Versuchsaufbaus wird geklärt, und die Schüler zur Vorhersage des Ergebnisses aufgefordert (s. Abb. 1.5).

Ergebnis

Auch in Versuch B zeigt der Kraftmesser ungefähr 10 N an.

Erklärung

Maßgebend ist für beide Versuche das dritte Newtonsche Axiom:
actio = reactio.

Im Falle A wird die Gegenkraft vom Stativ aufgebracht, im Versuch B von der Masse selbst. Zeigt der Kraftmesser weniger als 9,81 N an, so ist dies auf die Reibungskräfte in den Rollen zurückzuführen.

Möglicher Konflikt

Die Schüler vermuten, zum Teil in der Oberstufe noch, daß der Federkraftmesser in Versuch B 20 N anzeigen wird. Sie gehen davon aus, daß die doppelte Masse zu der doppelten Federdehnung des Kraftmessers führt. Es kommt zu einem Konflikt nach Gruppe B, da diese heimliche Theorie der Schüler ihrer Beobachtung widerspricht.

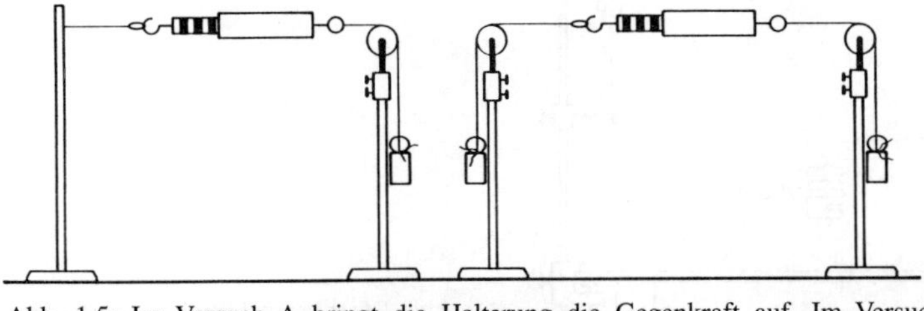

Abb. 1.5: Im Versuch A bringt die Halterung die Gegenkraft auf. Im Versuch B wird die Gegenkraft durch die Gewichtskraft der Masse aufgebracht

Einsatz im Unterricht

Mit Hilfe dieser Versuche haben wir das 3. Newtonsche Axiom eingeführt, um dann weitere Aufgaben und Beispiele zu diskutieren und zu lösen (siehe weitere Zusammenhänge). Auf diese Weise gewannen die Schüler ein Gespür für die Gültigkeit des 3. Axioms von Newton.

Weitere Zusammenhänge

– Tauziehen auf Rollschuhen, Rollerblades oder Skateboard-Brettern:
  a) Ein Schüler hält das Seil nur fest. Der andere bekommt den Auftrag, seinen Partner zu sich herüber zu ziehen.
  b) Beide sollen versuchen, mit allen Kräften das Tauziehen zu gewinnen.

3.1.6 Ist der Kraftmesser defekt?

Geräte und Materialien

1. Federkraftmesser (10 N)
2. Umlenkrolle
3. vier Massestücke (je 50 g)
4. Stativmaterial
5. 0,5 m Eisendraht, 0,2 mm Ø

Beschreibung und Durchführung

Ein dünner Draht wird nach Skizze (Abb. 1.6/1) über eine Umlenkrolle zwischen einer fest eingespannten Stativstange und einem vertikal aufgehängten Kraftmesser gespannt. Die Vorspannung sollte ohne die eingezeichneten Gewichtsstücke etwa 2 N betragen. In der Mitte zwischen Stativstange und Umlenkrolle hängt man vier Massestücke zu je 50 g auf den Draht. Das entspricht einer zusätzlichen Belastung von 2 N.

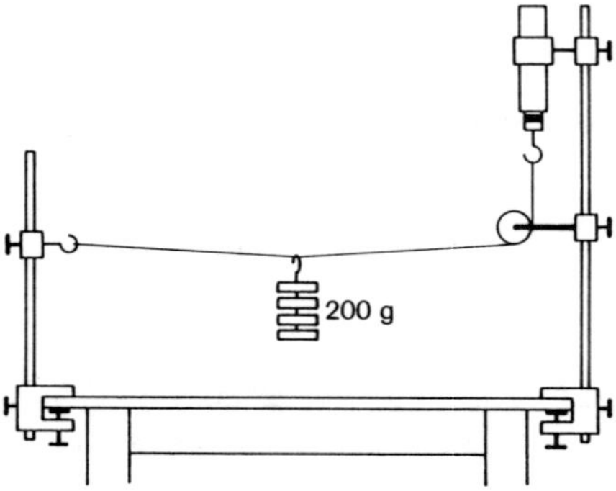

Abb. 1.6/1: Versuchsaufbau zur Bestimmung der Kräfte im Draht

Ergebnis

Unter Belastung mit einer Gewichtskraft von 2 N nimmt die Kraft am Kraftmesser um etwa 8 N zu, also deutlich mehr als die Gewichtskraft der aufgehängten Massestücke.

Erklärung

Die Lösung des Problems findet man mit Hilfe der Skizze (Abb. 1.6/2)

Für das Kräfteparalellogramm gilt $\sin \alpha = \frac{F_G}{2 \cdot F_1}$

mit der Näherung $\sin \alpha = \alpha$ für kleine Winkel folgt daraus:

$F_1 = \frac{F_G}{2 \cdot \alpha}$ (α ist im Bogenmaß anzugeben)

Je kleiner die Auslenkung des Drahtes, um so größer werden die Kräfte an der Aufhängung bzw. der Rolle.

Läßt man den Winkel in einer Grenzwertbetrachtung gegen Null gehen, folgt, daß die Kräfte F_1 uns F_2 gegen unendlich gehen.

Möglicher Konflikt

Die meisten Schüler erwarten, daß die Gewichtskraft je zur Hälfte von der fest eingespannten Stativstange und dem Kraftmesser aufgenommen werden. Diese Vermutung können sie aber nicht näher begründen. Es kommt zu einem Konflikt zwischen ihrer heimlichen Theorie und ihrer Beobachtung. Gruppe B.

Einsatz im Unterricht

In einer 9. Klasse gingen wir zur Einführung der Kräftezerlegung von dem Problem aus, eine Lampe über einer Straße aufhängen zu müssen. Die meisten Schüler schlugen dazu das Spannen eines Drahtseils zwischen zwei Ma-

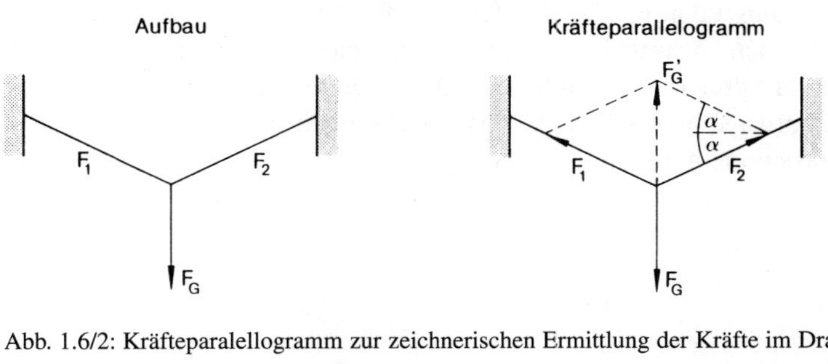

Abb. 1.6/2: Kräfteparalellogramm zur zeichnerischen Ermittlung der Kräfte im Draht

sten oder Verankerungen an zwei gegenüberliegenden Hauswänden vor, um die Lampe in dessen Mitte zu befestigen.

Nun führten wir den Versuch durch. Dabei wurde der Faden, ähnlich wie in der Praxis, zunächst vorgespannt, um dann die Massestücke (Lampe) anzuhängen. Der Kraftmesser zeigte allerdings einen Wert an, der deutlich höher war, als der von den Schülern erwartete. Sie vermuteten aus Symmetriegründen eine um $\frac{F_G}{2}$ größere Anzeige des Kraftmessers.

Basierend auf diesem Konflikt führten wir zunächst ein ausführliches Unterrichtsgespräch über die Kräfteverhältnisse im Seil und an den Aufhängungen. Die dabei entwickelten Ideen, wie auch die aufgeworfene Fragestellungen – z. B. außermittiges Aufhängen der Lampe, Einfluß des Winkels α auf die Seilkräfte – wurden zur Verdeutlichung am Versuchsaufbau umgesetzt.

Neben qualitativen Erkenntnissen wurde die Zerlegung von Kräften mit Hilfe des Kräfteparalellogramms angestrebt.

Da den Schülern das Verfahren zur konstruktiven Ermittlung von resultierenden Kräften bereits geläufig war, konnten die Gesetzmäßigkeiten mit Hilfe einer zeichnerischen Darstellung (Folie, Tafel oder Arbeitsblatt) erarbeitet werden.

Weitere Zusammenhänge
- Aufhängen von Bildern
- Spannen einer Wäscheleine
- Befestigen von elektrischen Hochspannungsleitungen, Seilbrücken, Hängematten sowie von elektrischen Leitungen zur Versorgung von Straßenbahnen und Elektroloks
- Können Vögel auf einer Hochspannungsleitung zu einem ernsthaften Problem werden?

Hausaufgabe: Die Schüler sollen mit Hilfe einer Paketschnur, Länge etwa 0,5 m, und einer Tasse folgenden Freihandversuch durchführen:
Die Schnur ist durch den Henkel der Tasse zu führen und dann in Augenhöhe über beide Daumen so straff wie möglich zu spannen. Durch einen Blick entlang der Schnur können die Schüler das Durchhängen der Schnur bei verändertem Kraftaufwand beobachten. Ihre Beobachtungen sollen sie für die nächste Unterrichtsstunde notieren.

3.1.7 Die Flamme, die die Zentrifugalkraft nicht kennt?

Geräte und Materialien

1. Experimentiermotor mit Getriebeuntersetzung
2. Lochscheibe (aus der Akustiksammlung)
3. Glasküvette
4. Klebeband (beidseitig klebend, wie es zur Befestigung von Teppichböden Verwendung findet)
5. Teelicht
6. Klebewachs

Beschreibung und Durchführung

Den Experimentiermotor befestigt man so an einem Tisch, daß seine Antriebswelle senkrecht noch oben gerichtet ist (s. Abb. 1.7/1). Auf der Lochscheibe, die mittig mit der Antriebswelle zu verschrauben ist, werden beidseitig klebende Streifen befestigt. Dies geschieht so, daß die Glasküvette mit der offenen Seite nach unten genau auf die Klebestreifen paßt und durch kräftiges Andrücken darauf fixiert werden kann. Vorher ist allerdings innerhalb des Kleberahmens ein brennendes Teelicht möglichst weit von der Drehachse entfernt, mit Wachs zu befestigen.

Zur Erzeugung geeigneter Drehzahlen leistet ein Getriebevorsatz 100 : 1 gute Dienste. Nach Inbetriebnahme der Versuchsanordnung ist die Drehzahl langsam zu erhöhen. Wegen der auftretenden Fliehkräfte ist auf den zentrierten Sitz der Küvette zu achten.

Ergebnis

Schon bei geringer Drehzahl zeigt sich eine deutliche Neigung der Kerzenflamme in Richtung zur Drehachse.

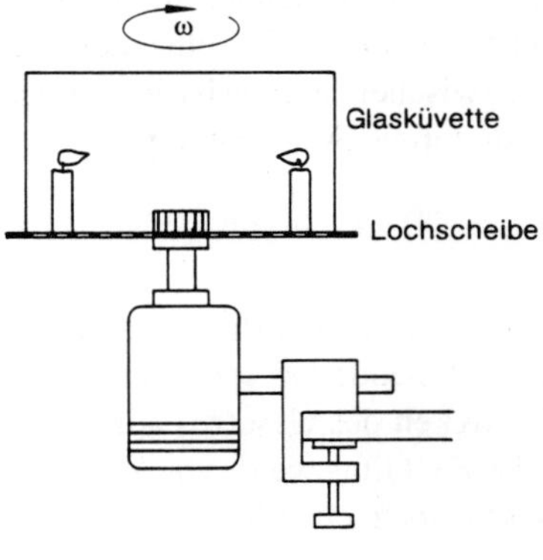

Abb. 1.7/1: Entgegen allen Erwartungen neigen sich die Flammen der außenstehenden Kerzen zur Mitte

Erklärung

In der Küvette sind Gase unterschiedlicher Dichte enthalten. Grob gesehen handelt es sich um kalte und über der Flamme erwärmte Luft. Bei einer Erklärung kann die Gravitationskraft vernachlässigt werden, da sie nur einen Bruchteil (bei $r = 0{,}16$ m, $n = 400/\text{min}$), etwa 1/30 der Zentrifugalkraft ausmacht. Der Auftrieb der Flammengase spielt keine entscheidende Rolle.
Faßt man nun aber die Zentrifugalkraft als neue seitlich wirkende „Schwerkraft" auf, so erfährt die Flamme einen „Auftrieb", der allerdings zur Drehachse der Küvette gerichtet ist.

$F_G = m \cdot g$ $F_Z = m \cdot r \cdot \omega^2$
Identifiziert man
F_Z als neue Gewichtskraft,
so erhält man als g^*
$g^* = r \cdot \omega^2$
und die Antriebskraft auf
ein bestimmtes Gasvolumen
$F_A = \rho \cdot V \cdot r \cdot \omega^2$

F_G = Gewichtskraft
F_Z = Zentrifugalkraft
m = Masse des Teilchens
g = Erdbeschleunigung
r = Abstand des Masseteilchens von der Drehachse
ω = Kreisfrequenz
ρ = Dichte der Luft, in der sich die heiße Flamme befindet
g^* = Zentrifugalbeschleunigung

Möglicher Konflikt

Die Wirkung der Zentrifugalkraft auf feste Körper ist den Schülern aus den vorhergehenden Unterrichtsstunden bekannt. Aber auch ohne schulische Vorkenntnisse ist es ein Leichtes, an entsprechende Phänomene aus dem alltäglichen Lebensbereich der Schüler anzuknüpfen. Als Beispiele seien hier nur das Fahren mit dem Auto durch eine Kurve bzw. eine Karussellfahrt genannt. Die Schüler werden wegen ihrer Vorkenntnisse eine Ablenkung der Flammen nach außen, von der Drehachse weg, erwarten. Sie lassen außer acht, daß wegen der Flamme Gase unterschiedlicher Dichte in der Küvette entstehen. Ihre bisherigen Kenntnisse sind zwar ausreichend, sie ziehen sie aber nicht vollständig zur Erklärung heran. Es kommt zu einem Konflikt zwischen dem bisherigen, noch nicht richtig verknüpften Wissen der Schüler und ihrer Beobachtung.
Gruppe C.

Einsatz im Unterricht

In der vorhergehenden Unterrichtsstunde lernten die Schüler die Wirkung der Zentrifugalkraft auf feste Körper und das entsprechende Gesetz kennen. Anschließend diente dieser Versuch dazu, die Gültigkeit des Gesetzes auf flüssige und gasförmige Körper zu erweitern und die Funktionsweise von Zentrifugen zur Trennung von Flüssigkeiten und Gasen unterschiedlicher Dichte zu

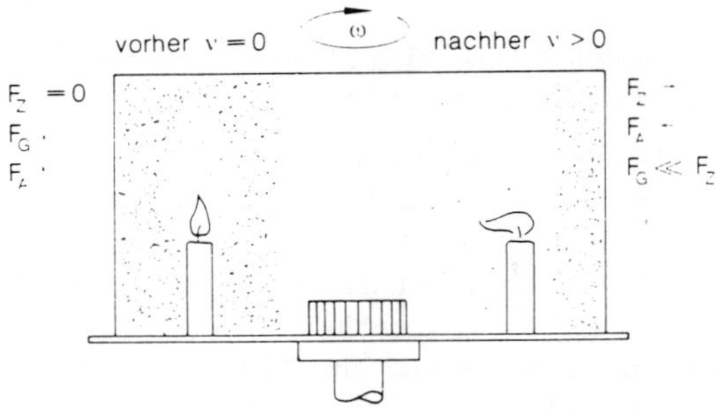

Abb. 1.7/2: Schnittdarstellung der Küvette mit eingezeichneten Teilergebnissen des Unterrichtsgesprächs

demonstrieren. Ein Einsatz des Versuchs ist sicher nur in einer leistungsstarken Gruppe möglich, wenn man ein grundlegendes Verständnis bei den Schülern erreichen will. Ansonsten läßt sich mit diesem Versuch nur die Möglichkeit der Trennung von Gas- und Flüssigkeitsgemischen veranschaulichen.

Wir zeigten diesen Versuch in einer Gruppe des 10. Jahrgangs. Den Schülern stand eine Schnittdarstellung der Küvette (s. Abb. 1.7/2) zur Verfügung. Hier konnten die Gase mit unterschiedlicher Dichte schematisch eingezeichnet werden. Im Unterrichtsgespräch wurde eine Erklärung entwickelt und die verschiedenen Anwendungsbereiche besprochen (siehe weitere Zusammenhänge).

Weiter Zusammenhänge

- Zentrifuge zur Milch-Rahm-Trennung
- Trennung von Teilchen unterschiedlicher Dichte, z. B. zur chemischen Analyse von Gasen und Flüssigkeiten
- Gaszentrifugen zur Isotopentrennung
- Zentrifugen arbeiten in Bereichen bis zum 14.000fachen der Schwerkraft
- Zentrifugen in der Genetik

3.1.8 Die magische Dose

Geräte und Materialien

1. Konserven- oder Keksdose mit Deckel
2. Einweckgummi
3. Büroklammern oder 20 bis 30 mm lange Nägel
4. M 10-Mutter oder ähnlich schwerer Gegenstand
5. feste Papp- oder Holzscheibe als Deckel für die Dose

Beim Aufbau des Versuchs mit einer Keksdose spart man das Anfertigen eines Deckels.

Beschreibung und Durchführung
Die Anleitung für den Bau der magischen Dose ist der Skizze (s. Abb. 1.8) zu entnehmen. Dabei sind folgende Hinweise zu beachten:

- In den Boden der Konservendose und die als Deckel dienende Pappscheibe wird mit einem scharfen Schraubenzieher jeweils ein Loch gestochen.
- Durch das Loch im Boden wird ein Gummiende gesteckt, doppelt geschlagen oder verknotet und mit einem Nagel befestigt, damit es nicht nach Innen durchrutscht.
- An der Lasche des Einweckgummis befestigt man eine M 10-Mutter. Dazu dient eine Büroklammer oder ein Stück Draht.
- Nun wird das Gummi durch den Deckel gesteckt, stramm gezogen, so daß der Deckel fest sitzt und in gleicher Weise wie am Boden befestigt.
- Die herausragenden Gummienden müssen mit Papier verdeckt werden.

Zur Vorführung des Experiments legt man die Dose auf einen ebenen Tisch und stößt sie an, so daß sie zu rollen beginnt.

Ergebnis
Die Dose rollt über den Tisch, wird langsamer und kehrt fast wieder zu ihrem Ausgangspunkt zurück.

Erklärung
Ein Teil der Anfangsenergie (durch den Stoß aufgebracht) wird in Spannungsenergie des Gummis umgesetzt der Rest in Wärme durch Reibung. Im Umkehrpunkt beginnt die Spannenergie wieder in Bewegungsenergie überzugehen. Die Bewegungsenergie setzt sich aus Translations- und Rotationsenergie zusammen.

Möglicher Konflikt
Die Schüler wissen und erfahren täglich, daß ein Körper, einmal in Bewegung gesetzt, allmählich zur Ruhe kommt. Das gilt nur dann nicht, wenn dem Körper in irgendeiner Form Energie zugeführt wird. Es kommt bei der Beobachtung des Experiments zu einem Konflikt mit dem bisherigen Wissen der Schüler. Gruppe C. Läßt man parallel zu der magischen Dose eine nicht präpa-

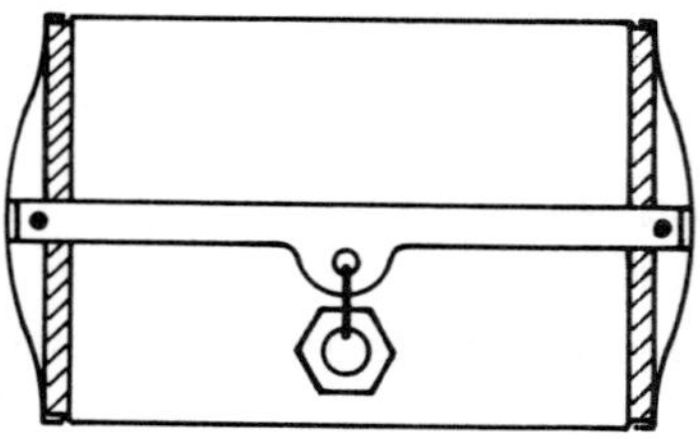

Abb. 1.8: Aufbau der magischen Dose

rierte Dose rollen, so kommt bei den Schülern die Frage nach der Begründung für das unterschiedliche Verhalten der beiden Dosen auf. Dieser Konflikt zwischen zwei Beobachtungen der Schüler gehört zur Gruppe B.

Einsatz im Unterricht
Zwei Schüler bauten als freiwillige Hausaufgabe die Dose auf, ohne ihre Mitschüler über das „Geheimnis" der Dose zu informieren. Während der Stunde übernahmen sie die Rolle des Lehrers. Ihre Klassenkameraden hatten die Aufgabe, daß Problem zu lösen. Das war möglich, weil in den vorhergegangenen Stunden die verschiedenen Energieformen und ihre Umwandlung behandelt wurden. Es handelte sich also um eine Übungsstunde. Mit einigen Varianten des Experiments lassen sich noch andere Energieformen in die Wiederholung einbeziehen: die magische Dose an einer schiefen Ebene; mit Vorspannung rollt die Dose über ihren Ausgangspunkt zurück.

Weitere Zusammenhänge
- Energieumwandlungen verschiedener Art
- Fahrstuhl mit Gegengewicht
- Energiespeicherung mit schnell rotierenden Massen bei Fahrzeugen
- Berner Zahnradbahn
- Mit Vorspannung rollt die Dose über den Ausgangspunkt zurück - gibt es eventuell doch ein Perpetuum Mobile?

3.1.9 „Kartenkunststück"

Geräte und Materialien
Ein verpacktes, noch unbenutztes Kartenspiel, bestehend aus 48 Spielkarten.

Beschreibung und Durchführung
Von einem Schüler wird das Kartenspiel vor der Klasse ausgepackt. Die zu erratende Karte wird dann ausgewählt und der Klasse stumm gezeigt, ohne daß der Lehrer sie sehen kann. Damit sie sich dem Lehrer „einprägen" kann, läßt der Schüler sie mehrmals fest auf dem Hinterkopf des Lehrers hin und her gleiten. Nachdem das Kartenspiel mit der Karte durchgemischt ist, legt der Schüler den Kartenstapel auf den Tisch.

Der Lehrer führt nun vor den Augen der Schüler mit der Handkante einen kurzen, schrägen Schlag auf den Stapel aus (s. Abb. 1.9).

Ergebnis
Der Kartenstapel verrutscht dabei so, daß der Lehrer zur Verblüffung der Schüler die gewählte Karte aufdecken kann.

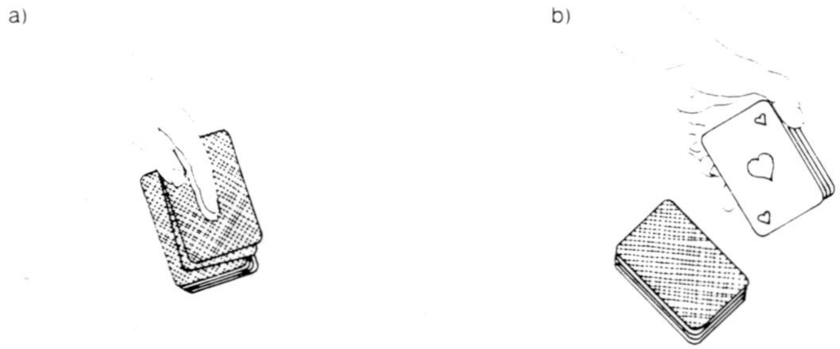

Abb. 1.9: Durch einen kurzen Handkantenschlag wird die „geschmierte" Karte gefunden

Erklärung

Als der Schüler die ausgewählte Karte am Hinterkopf des Lehrers hin und hergeschoben hat, wurde sie mit einer dünnen Fettschicht aus seinem Haar versehen. Sie wurde sozusagen geschmiert, ähnlich als wenn ein Lager geölt wird. Die Haftreibung zwischen den Karten hat sich dadurch an dieser Stelle verringert, so daß durch den schräg geführten Schlag mit dem Handrücken die „geschmierte" Karte besser zur Seite gleitet.

Allerdings wird durch die Fettschicht lediglich die Haftreibung herabgesetzt, nicht aber die Gleitreibung. Deshalb klappt der Trick auch nicht, wenn man die Karten unter Druck zur Seite schiebt. Erst durch die Scherkräfte beim schräg geführten, harten Handkantenschlag nimmt die Viskosität (Geschmeidigkeit des Schmiermittels) zu, was zur Verringerung der Haftreibung führt, so daß die „geschmierte" Karte aufgedeckt werden kann.

Möglicher Konflikt

Auch wenn die Schüler bereits erfahren haben, daß durch Schmieren oder Ölen Reibung herabgesetzt werden kann, bringen sie dieses Wissen kaum mit diesem „Kartenkunststück" in Zusammenhang. Einige trauen dem Lehrer sogar magische Kräfte zu, von denen ja vielfältig die Rede ist. So kommt es zu einem gedanklichen Konflikt zwischen solchen verschwommenen heimlichen Theorien und ihrer Beobachtung.
Gruppe C.

Einsatz im Unterricht

Der Kartentrick sollte erst dann im Unterricht vorgeführt werden, wenn die Schüler bereits Grundkenntnisse über Reibungskräfte erworben haben. So kann er zur Vertiefung und Festigung der Vorgänge um die Reibung beitragen.

Weitere Zusammenhänge
- Beispiele für Viskosität: Lackieren von Fenstern und Türen, Margarine aufs Brot streichen.
- Gegenbeispiel: Beim Wachsen von Skiern wird das Rückgleiten beim Abstoßen verhindert, da durch Belastung die Haftreibung erhöht wird.

3.1.10 Vorsicht, nicht stürzen!

Geräte und Materialien
Zwei äußerlich gleiche Pappkartons. In den einen ist in einer Ecke ein Gewichtsstück einzukleben.

Beschreibung und Durchführung
Die Schüler werden aufgefordert, Vermutungen darüber anzustellen, wie weit die beiden Schachteln über die Tischkante ragen können, bevor sie herunterfallen. Die Vermutungen werden nachgeprüft, indem die Schachteln langsam nebeneinander über die Tischkante verschoben werden.

Ergebnis
Die Schachtel ohne Gewichtsstück fällt erwartungsgemäß, sobald sie nur noch mit halber Auflagefläche auf dem Tisch liegt. Die andere stürzt erst ungewöhnlich viel später ab.

Erklärung
Durch das eingeklebte Gewichtsstück hat sich die Massenverteilung der Schachtel erheblich verändert. Dadurch ist der Schwerpunkt vom Schnittpunkt der Raumdiagonalen in Richtung auf das Gewichtsstück verschoben worden.

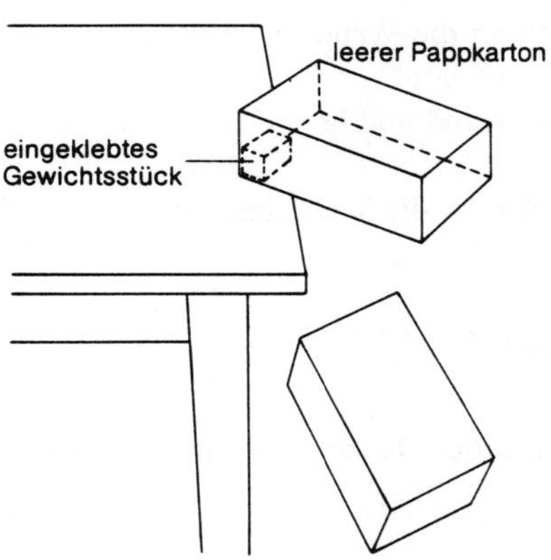

Abb. 1.10: Das eingeklebte Gewichtsstück verzögert den Absturz des Pappkartons

Da nun der Schwerpunkt eines Körpers der Angriffspunkt der Resultierenden aller Teilgewichtskräfte ist, verändert sich durch die Inhomogenität der Massenverteilung auch die Standfestigkeit.

Möglicher Konflikt
Auf Grund bisher gemachter Erfahrungen erwarten die Schüler, daß ein flach auf dem Tisch liegender Körper herunterfällt, wenn er mit weniger als der Hälfte seiner Fläche aufliegt. Dabei gehen sie davon aus, daß die Massenverteilung homogen ist. Je weiter der Körper nun diese Grenze überschreitet, desto unsicherer werden sie. So kommt es zu einem gedanklichen Konflikt zwischen bisherigen Beobachtungen und dieser für sie neuen Beobachtung. Gruppe B. Denkbar wäre auch, daß der Konflikt lediglich aus dem Vergleich der beiden Abstürze resultiert. Gruppe A.

Einsatz im Unterricht
Kippversuche werden im Unterricht sinnvollerweise zunächst an hochstehenden Körpern durchgeführt. Als Sachbezüge eignen sich z.B. Sonnenschirme, Kräne, Stehlampen. Daß für flach lagernde Gegenstände dieselben Gesetzmäßigkeiten gelten, dürfte den Schülern dabei noch nicht bewußt sein. So eignet sich der Vergleich der beiden Beobachtungen dazu, die Schüler zu motivieren, vertieft über Schwerpunkt und Standfestigkeit nachzudenken.

Weitere Zusammenhänge
- Stielgläser kippen leichter als Standgläser.
- Beladene Schiffe liegen ruhiger im Wasser als leere.
- Rennwagen sind flach und breit gebaut.
- Vorsicht beim Beladen des Autos mit Dachgepäck.
- Standversuche an der Zimmerwand:
  1. Ein Schüler stellt sich mit den Fersen an die Wand und versucht, einen Gegenstand aufzuheben.
  2. Ein Schüler stellt sich seitwärts an die Wand und hebt das von der Wand abgewandte Bein.
  3. Ein Schüler stellt sich mit der Fußstütze an die Wand und stellt sich auf die Zehenspitzen (s. Versuche 3.1.22).

3.1.11 Wann fließt Wasser in die Milchdose?

Geräte und Materialien
1. eine leere Milchdose mit zwei Löchern in der Deckel- oder in der Bodenfläche
2. eine große Glaswanne mit Wasser

Beschreibung und Durchführung

Der Lehrer taucht die senkrecht gehaltene Dose zunächst mit den beiden Löchern nach oben unter Wasser. Es dringt kein Wasser ein. Dann drückt er sie mit den beiden Löchern nach unten ins Wasser und schließlich so, daß die beiden Löcher seitlich in gleicher Höhe liegen. Zum Erstaunen der Schüler dringt auch dabei weder Wasser in die Dose, noch kommen Luftblasen heraus.

Dann dreht er die Dose im Wasser etwas (s. Abb. 1.11), so daß ein Loch höher liegt als das andere. Schon sprudeln Luftblasen aus dem oberen Loch, während durch das untere Wasser in die Dose dringt.

Diese Beobachtung läßt sich auch beim senkrechten Eintauchen der Dose machen.

Ergebnis

Wasser dringt nur dann ein, wenn ein Loch höher liegt als das andere, und zwar stets in das untere Loch, während die vom eindringenden Wasser verdrängte Luft stets durch das obere Loch entweicht.

Erklärung

Die Beobachtungen lassen sich mit Hilfe der hydrostatischen Druckverhältnisse erklären. Die Wasserteilchen unterliegen der Schwerkraft, so daß ein Schweredruck entsteht, der mit der Tiefe im Wasser zunimmt. Liegen die beiden Dosenöffnungen in gleicher Höhe, so kann kein Wasser eindringen, da der Schweredruck auf die Öffnungen gleich groß ist und deshalb keine Luft entweichen kann. Befinden sich die beiden Öffnungen in unterschiedlicher Wassertiefe, so ist der Schweredruck auf die untere Öffnung größer als der auf die obere Öffnung. Das Wasser gelangt deshalb immer durch das unten liegende Loch in die Dose und drückt die Luft aus der oberen Öffnung heraus. Besondere Bedeutung hat die Zunahme des Schweredrucks mit der Tiefe für die Entstehung des Auftriebs.

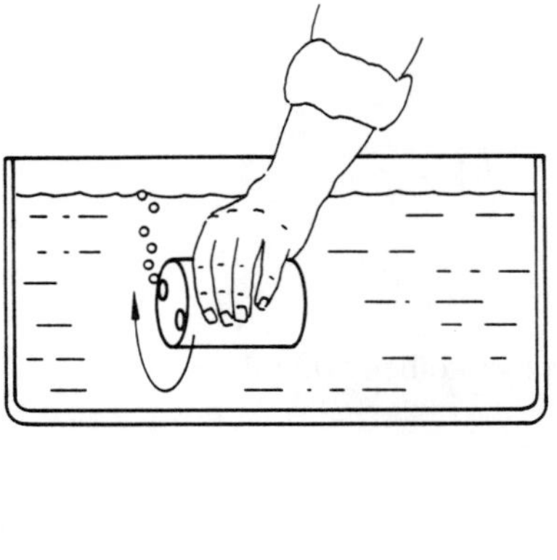

Abb. 1.11: Wasser kann erst eindringen, wenn ein Dosenloch höher liegt als das andere

Möglicher Konflikt
Entsprechend ihren bisherigen Erfahrungen nehmen die Schüler an, daß in undichte Gefäße Wasser eindringt, wenn man sie ins Wasser drückt. Selbst wenn sie berücksichtigen, daß dabei Luft entweichen muß, können sie sich die im Versuch gemachten Beobachtungen nicht erklären, da doch zwei Löcher in der Dose sind. Da ihre „heimliche Theorie" nicht weiterhilft, geraten sie in einen gedanklichen Konflikt. Gruppe B.

Einsatz im Unterricht
Die beschriebenen Versuche eignen sich besonders, bereits erworbene Kenntnisse über Druckverhältnisse im Wasser zu vertiefen und zu festigen.

Daß der Schweredruck im Wasser mit der Tiefe zunimmt, wissen die Schüler zumeist bereits von eigenen Tauchversuchen oder von Beschreibungen und Abbildungen über die Beschaffenheit von Taucherausrüstungen für verschiedene Wassertiefen. Eventuell sind im Unterricht auch schon Messungen über den Schweredruck im Wasser durchgeführt worden. Hier kann der Dosenversuch als ein Anwendungsbeispiel gute Dienste leisten. Zunächst überrascht es die Schüler, daß Wasser nur einfließt, wenn eine Öffnung höher liegt als die andere. In Analogie zu eigenen Tauchbeobachtungen u.ä, dürfte ihnen aber schon bald aufgehen, daß hier die gleichen Gesetzmäßigkeiten eine Rolle spielen. Die Präzision, mit der die Natur auf die geringste Drehung der Dose antwortet, löst oft genug Erstaunen aus.

Weitere Zusammenhänge
- Tiefseetauchversuche von *Jaques Picard* 1960 im Marianengraben des Stillen Ozeans.
- Tiefseefische platzen, wenn sie zu schnell an die Wasseroberfläche gebracht werden.
- U-Boote dürfen nur bis in eine bestimmte, festgelegte Tiefe tauchen.
- Bestimmung des Schweredrucks in Wasser, Ableitung der Druckeinheit

$$1 \text{ Pa} = 1 \frac{\text{N}}{\text{cm}^2}$$

1 hPa = 100 mPa.

3.1.12 Eine „leere" Flasche, die voll ist

Geräte und Materialien
1. eine durchsichtige Flasche , z. B. Erlenmeyerkolben 500 ml
2. ein Trichter mit enger Durchlaßöffnung

3. ein Gefäß mit Wasser, z. B. Becherglas 400 ml
4. Fensterkitt oder Knetmasse zum Abdichten des Trichters im Flaschenhals
5. eine Stricknadel zum Durchstechen der Verkittung

Beschreibung und Durchführung
Vor dem Unterricht hat der Lehrer den Trichter in den Flaschenhals eingesetzt und die Öffnung zwischen Trichter und Flaschenhals luftdicht verkittet (S. Abb.1.12). Ein Schüler wird aufgefordert, das Wasser in die Flaschen zu gießen.

Ergebnis
Zunächst fließt etwas Wasser durch den Trichter in die Flasche, dann bleibt das Wasser im Trichter stehen, selbst wenn dieser randvoll gefüllt ist.

Erklärung
Zunächst wird durch das einfließende Wasser die Luft in der Flasche zusammengedrängt. Schon bald aber stellt sich zwischen Wasserdruck von außen und dem Gegendruck der Luft in der Flasche ein Gleichgewicht her, das ein weiteres Eindringen von Wasser verhindert. Erst wenn der Dichtungskitt durchstoßen wird, kann Luft aus der Flasche entweichen und Wasser ungehindert nachfließen.

Möglicher Konflikt
Beim Gebrauch von Trichtern beobachteten die Schüler bisher stets, daß Flüssigkeiten ungehindert in Gefäße hineinlaufen können. Da die Luft darin unsichtbar ist, nehmen sie an, daß diese Gefäße leer sind. Die neue Beobachtung, daß das Wasser am Eindringen gehindert wird, steht im Widerspruch zu dieser heimlichen Theorie, so daß es zu einem gedanklichen Konflikt der Gruppe B kommen dürfte.

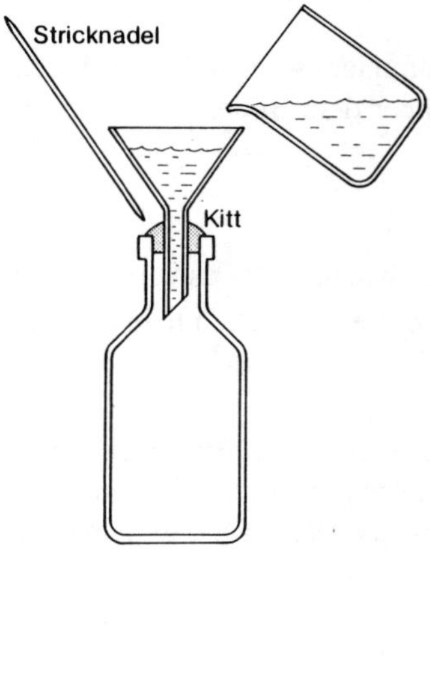

Abb. 1.12: Das Wasser läuft erst in die Flasche, wenn die Verkittung durchstochen wird

Einsatz im Unterricht

Der Versuch ist als Einführungsversuch geeignet, wenn das Thema „Luft als Körper" behandelt werden soll. Bei der Auswertung sollte herausgestellt werden, daß Luft nicht masselos ist, wie die Schüler bisher zumeist angenommen haben, sondern genau wie feste und flüssige Körper einen Raum beansprucht.

Weitere Zusammenhänge

- Funktion einer Taucherglocke
- Warum und wie beim Grubenunglück von Lengede Menschenleben gerettet werden konnten
- Bestimmung des Volumens der ausgeatmeten Luft
- Wie kann eine mit Wasser gefüllte Flasche möglichst schnell entleert werden?

3.1.13 Der schwebende Luftballon

Geräte und Materialien

1. zwei gleiche Luftballons
2. zwei große Aquarien
3. CO_2 – Gas

Beschreibung und Durchführung

Eines der beiden Aquarien wird mit Kohlendioxid gefüllt. Das Gas bleibt, da es deutlich schwerer als Luft ist, auch ohne Abdeckung im Gefäß. Das andere Aquarium steht unpräpariert daneben auf dem Experimentiertisch. Gleichzeitig läßt man je einen weit aufgeblasenen Luftballon vorsichtig in die beiden Aquarien gleiten.

Ergebnis

In dem nichtpräparierten Aquarium wird der Ballon langsam zu Boden sinken. Der andere Ballon schwebt einige Zentimeter über dem Boden des mit Kohlendioxid gefüllten Gefäßes.

Erklärung

Die Auftriebskraft eines Körpers ist gleich der Gewichtskraft des von ihm verdrängten Gases. Die Dichte von Kohlendioxid ($\rho_{CO_2} = 1{,}98\ \frac{g}{dm^3}$) liegt deutlich über der von Luft ($\rho_L = 1{,}29\ \frac{g}{dm^3}$).

Ist der Luftballon weit aufgeblasen, so liegt die Auftriebskraft im CO_2 – Gas über dem Gesamtgewicht, das sich aus dem Eigengewicht der Gummihülle und dem Gewicht der Luft im Ballon zusammensetzt. Der Ballon wird also bis zu einer Tiefe in das Gas eintauchen, in der die Auftriebskraft gleich der Gewichtskraft des Luftballons ist.

Möglicher Konflikt
Die Schüler machen unter scheinbar gleichen Bedingungen unterschiedliche Beobachtungen. Gruppe A.
Ihre ersten Überlegungen zur Lösung des Problems richten sich trotz der vorhergehenden Stunden (siehe Einsatz im Unterricht) auf den Inhalt des Luftballons. Diese Vermutungen lassen sich leicht dadurch widerlegen, daß man beide Ballons gleichzeitig zu Boden fallen läßt.

Einsatz im Unterricht
Im Jahrgang 7 haben wir dieses Experiment zur Erweiterung des archimedischen Prinzips in Gasen benutzt. Vorausgegangen waren einige Stunden zum Auftrieb in Flüssigkeiten. Dabei lernten die Schüler zunächst das Phänomen „Auftrieb" an der Gewichtsabnahme verschiedener Körper in Wasser kennen. Beispiele aus der Umwelt der Schüler wurden gesammelt. Der Zusammenhang zwischen dem Volumen eines eingetauchten Körpers uns seiner Gewichtabnahme wurde mit Hilfe eines Experimentes erarbeitet. In einer weiteren Stunde stand die Abhängigkeit des Auftriebs von der Dichte der Flüssigkeit (Wasser, Spiritus, Glyzerin) im Vordergrund. Trotz dieser Voraussetzungen hatten die Schüler große Schwierigkeiten, ohne Hilfe eine Erklärung für ihre Beobachtung zu finden. Wir versuchten zunächst in einem Unterrichtsgespräch Verbindungen zu den vorhergehenden Stunden herzustellen, um dann Erklärungsansätze zu sammeln.

Zum Nachweis der unterschiedlichen Dichte von Gasen füllten wir je einen Luftballon mit Luft, Kohlendioxid und Wasserstoff. Hierzu standen uns entsprechende Glasflaschen zur Verfügung. Kohlendioxid kann man aber auch aus den Kartuschen für Sahnespender entnehmen. Die Luftballons wurden von drei Schülern festgehalten und auf Kommando dann gleichzeitig losgelassen. Sowohl bei der Erklärung dieses Teilversuchs als auch bei der des gesamten Experimentes ist es ratsam, immer wieder auf die Verbindung zum Auftrieb in Flüssigkeiten hinzuweisen, weil hier den Schülern der Auftrieb viel direkter erfahrbar wird.

Weitere Zusammenhänge
- Aufsteigen von Gasballons
- Ballonfahrt in großen Höhen bei Abnahme der Luftdichte
- Einige Hölzer (Buche, Eiche) können bei einem Feuchtigkeitsgehalt von ca. 50% unter der Wasseroberfläche schweben. Das gleiche gilt auch für faules Holz.

– Ein Ei sinkt in Leitungswasser zu Boden, während es in einer gesättigten Salzwasserlösung schwimmt.
– Abgase aus einem Schornstein steigen nach oben, obwohl deren Bestandteile (z. B. Kohlendioxid) schwerer als Luft sind.

3.1.14 Das unsichtbare Gewicht

Geräte und Materialien
1. Balkenwaage
2. zwei Erlenmeyerkolben
3. Meßzylinder
4. CO_2 – Gas aus einer Gasflasche oder Mineralwasserflasche

Beschreibung und Durchführung
Man bringt zwei Erlenmeyerkolben auf der Balkenwaage ins Gleichgewicht. Der Meßzylinder wird schon vor Unterrichtsbeginn mit Kohlendioxid gefüllt und auf dem Experimentiertisch bereitgestellt. Mann sollte auf eine Abdeckung des Meßzylinders verzichten, um bei den Schülern den Eindruck zu vermeiden, daß sich irgend etwas anderes als Luft im Zylinder befindet. Nun gießt man den Inhalt des Meßzylinders in einen der beiden Kolben.

Ergebnis
Die Waage neigt sich deutlich zur Seite des nun mit CO_2 – Gas gefüllten Kolbens.

Erklärung
Die Dichte von CO_2 ist wesentlich größer als die von Luft.
$\rho_{co_2} = 1{,}97 \frac{g}{dm^3}$; $\rho_{Luft} = 1{,}29 \frac{g}{dm^3}$ bei 0 °C und 1013 mbar.

Möglicher Konflikt
In der 7. Klasse ist noch längst nicht allen Schülern klar, daß Gase ein Gewicht haben. Auf die Frage nach dem Inhalt des Meßzylinders werden sie mit „Luft" oder „Nichts" (was einige Schüler auch noch nach Überlegung behaupten) antworten. Luft oder „Nichts", die eine Balkenwaage zum Ausschlag bringen, stimmen mit den bisherigen Vorstellungen der Schüler nicht überein. Es kommt zu einem Widerspruch zwischen der heimlichen Theorie, daß Luft (Gase) kein Gewicht besitzen und ihrer Beobachtung. Gruppe B.

Einsatz im Unterricht
Der Versuch wurde von uns in einer 7. Klasse vorgeführt. Es war unser Ziel, den Schülern deutlich zu machen, daß Gase überhaupt eine Gewichtskraft aus-

üben können und diese, je nach Dichte, unterschiedlich groß sein kann. In den vorhergegangenen Stunden hatten die Schüler den Begriff Dichte an Beispielen mit festen und flüssigen Stoffen kennengelernt. An die Vorführung schloß sich ein Unterrichtsgespräch an. An geeigneter Stelle saugten wir das CO_2 – Gas mit Hilfe eines Schlauches aus dem Kolben, was wieder zum Gleichgewicht der Balkenwaage führt. Damit wurde den meisten Schülern deutlich, daß ein Gas für den Ausschlag der Waage gesorgt hatte. Mit Hilfe eines evakuierten und je eines mit Luft und CO_2 gefüllten Rundkolbens und der Balkenwaage wurde danach die Dichte von Luft und Kohlendioxid bestimmt.

Weitere Zusammenhänge

- In manchen Rockkonzerten sieht man auf dem Bühnenboden Schwaden aus CO_2 – Gas. Sie stammen aus festem CO_2, sog. Trockeneis. Die Schwaden werden durch den an dem kalten Gas kondensierten Wasserdampf sichtbar.
- Luftdruck als Schweredruck
- Gefahr durch Gase in Jauchegruben und Siloanlagen: Entlüftung ist unbedingt notwendig.

3.1.15 Rosinen auf U-Bootfahrt

Geräte und Materialien

1. ein Standzylinder, bzw. ein anderes hohes Glasgefäß
2. eine Flasche mit Mineralwasser, in dem Kohlendioxid enthalten ist
3. ein paar Rosinen

Beschreibung

Das Mineralwasser wird in das Glasgefäß gegeben. Dann läßt man nacheinander einzelne Rosinen hineinfallen.

Ergebnis

Die Rosinen sinken zunächst auf den Boden des Gefäßes. Nach einiger Zeit steigen sie einzeln bis zur Wasseroberfläche auf, um gleich darauf wieder bis zum Boden des Gefäßes hinabzusinken. Dieses Spiel wiederholt sich, unermüdlich tauchen die Rosinen auf und nieder.

Erklärung

Das aus dem Mineralwasser entweichende Kohlendioxid setzt sich in Form kleiner Bläschen an der rauhen Oberfläche der Rosinen fest und vergrößert dadurch deren Auftrieb. Ist der Auftrieb größer als die Gewichtskraft einer Rosine, so steigt diese an die Wasseroberfläche. Dort entweicht ein Teil des Kohlendioxids, so daß die Gewichtskraft größer ist als der Auftrieb, die Rosine sinkt nach unten. Haben sich wieder genügend Kohlendioxidbläschen darauf festgesetzt, läuft der Vorgang erneut ab (siehe Abb. 1.15).

Möglicher Konflikt

Nachdem im Unterricht über den Zusammenhang zwischen Gewichtskraft, Auftrieb und Schwimmfähigkeit gesprochen worden ist, gehen die Schüler davon aus, daß ein Körper entweder schwimmt (wenn sein möglicher Auftrieb größer ist als sein Gewicht) oder sinkt (wenn sein möglicher Auftrieb kleiner ist als sein Gewicht). Die verblüffende Beobachtung, daß mit den Rosinen im Versuch beides gleichzeitig nebeneinander abläuft, führt für viele zu einem gedanklichen Konflikt zwischen diesen beiden Beobachtungen. Gruppe A.
Für einige Schüler könnte die naive Deutung eine Rolle spielen, die Rosinen würden von den hochsteigenden Sprudelbläschen „mitgerissen". Wie diese heimliche Theorie mit dem gerade erworbenen Wissen über Auftrieb und Gewichtskraft in Einklang zu bringen ist, gelingt selbst leistungsstarken Schülern noch nicht. Gruppe C.

Einsatz im Unterricht

Als Einstiegsversuch in das Thema „Auftrieb und Schwimmfähigkeit" ist der „Rosinenversuch" wegen der komplizierten physikalischen Erklärung nicht geeignet. Er gehört vielmehr auf die Stufe des Einübens und Behaltens, nachdem die Schüler erkannt haben, daß Auftrieb und Gewichtskraft als entgegengesetzt wirkendes Kräftepaar auftreten und Unterschiede zwischen ihnen das Schwimmen und Sinken eines Körpers im Wasser bewirken.

Die Schwierigkeit bei der Deutung des Versuchs konzentriert sich damit auf das Problem, auf welche Weise der Auftrieb im Sprudelwasser größer bzw. wieder kleiner werden kann, da doch das Gewicht der Rosinen sich nicht geändert hat. Ein Vergleich mit der Tauch- bzw. Überwasserfahrt eines U-Bootes

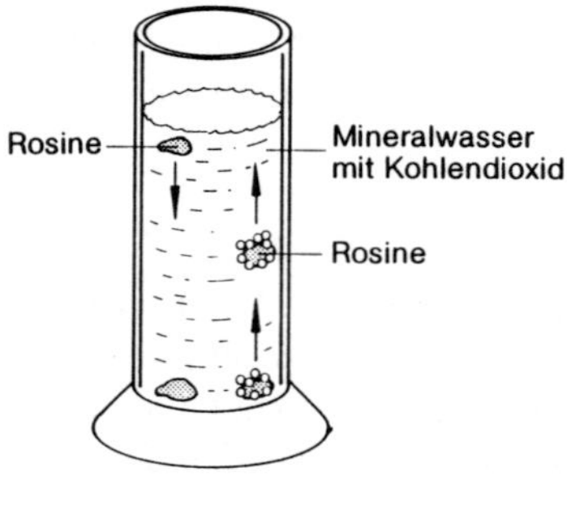

Abb. 1.15: Kohlendioxidbläschen an den Rosinen bewirken den Aufstieg der Rosinen

kann dazu zum Vergleich herangezogen werden. In Analogie läßt sich herausstellen, daß die mit Luft gefüllten Seitentanks im U-Boot genauso zum Auftauchen führen wie die Bläschen an den Rosinen. Umgekehrt sind die U-Boote mit „gefluteten Seitentanks" ähnlich wie „Rosinen ohne Bläschen".

Weitere Zusammenhänge
- Heben und Senken eines Schiffes im Trockendock
- Archimedisches Prinzip
- Auftrieb in verschiedenen Flüssigkeiten
- Lademarken an Schiffen, die manchmal im Süß- und manchmal im Salzwasser fahren
- Funktion und Verwendung von Aräometern.

3.1.16 U-Bootfahrt in der Flasche

Geräte und Materialien
1. eine breite, durchsichtige Flasche
2. ein Stopfen aus Gummi oder Kork, der in die Flaschenöffnung paßt
3. ein aus Apfelsinenschale geschnittenes U-Boot, an dem mit Kugelschreiber Bullaugen markiert sind

Beschreibung und Durchführung
Aus der frischen Apfelsinenschale wird ein keines U-Boot ausgeschnitten, das durch den Flaschenhals paßt. Dann wird die Flasche randvoll mit Wasser gefüllt, das Boot aus Apfelsinenschale hineingeschoben und der Stopfen auf die Flaschenöffnung gesetzt (s. Abb. 1.16).

Ergebnis
Sobald das Wasser durch den Korken zusammengedrückt wird, taucht das U-Boot je nach Stärke des Druckes schnell oder langsam nach unten. Zieht man

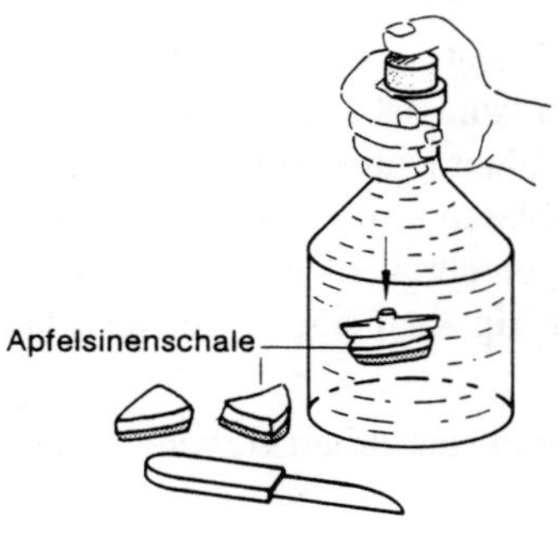

Abb. 1.16: Das Schiff sinkt, wenn die Luftbläschen in der Apfelsinenschale zusammengepreßt werden

den Korken vorsichtig etwas heraus, so steigt das U-Boot wieder hoch. Der Vorgang läßt sich beliebig wiederholen.

Erklärung
In der porösen Apfelsinenschale befinden sich winzige Luftbläschen. Sie erhöhen den Auftrieb des „U-Bootes", so daß es schwimmt. Durch den Druck auf das Wasser werden die Luftbläschen zusammengepreßt, so daß der Auftrieb geringer wird als die Gewichtskraft des Schiffchens, das Boot beginnt zu sinken. Durch Variation des Druckes im Wasser kann man erreichen, daß Gewichtskraft und Auftrieb gleich groß sind, so daß das „U-Boot" im Wasser schwebt. Bei starkem Daumendruck ist es sogar möglich, daß die Luftbläschen aus der Apfelsinenschale herausgepreßt werden, so daß sie (sichtbar) aufsteigen. Da das Äußere der Apfelsinenschale eine größere Dichte hat als der hellere Innenteil, schwimmt das Schiffchen stets waagerecht in der Flasche, mit der dunkleren Seite nach unten.

Möglicher Konflikt
Von Beobachtungen – z. B. beim Obstwaschen – wissen die Schüler, daß die meisten Früchte im Wasser schwimmen. Apfelsinen und deren Schale bilden da keine Ausnahme. Zu einem gedanklichen Konflikt kommt es für die Schüler, wenn sie beobachten, daß man das Sinken und Steigen des Schiffchens durch den Druck auf das Wasser regulieren kann. Selbst wenn sie wissen, wie die Schwimmfähigkeit eines Körpers mit der Größe des Auftriebs und der Gewichtskraft zusammenhängt, gelingt die Deutung mit dieser Theorie nicht, da die Luftbläschen in der porösen Schale unsichtbar bleiben. Gruppe B.

Einsatz im Unterricht
Dieser Versuch eignet sich besonders gut zur Vertiefung und Festigung erworbener Einsichten über „Schwimmen – Schweben – Sinken". Er sollte als Demonstrationsversuch vom Lehrer vorgeführt werden.

Zunächst läßt der Lehrer das „U-Boot" durch Variation des Daumendruckes auf den Korken sinken und wieder aufsteigen. Er kann dabei auch so variieren, daß das Boot im Wasser schwebt. Finden die Schüler keine Erklärung für ihre Beobachtungen, sollte er zeigen, wie die Luftbläschen bei starkem Wasserdruck aus der porösen Apfelsinenschale herausgepreßt werden und aufsteigen und wie das Schiff anschließend – druckunabhängig – auf dem Boden der Flasche liegenbleibt.

Möglich wäre auch, daß ein Schüler den Versuch in Hausarbeit vorbereitet und dann der Klasse vorführt.

Weitere Zusammenhänge
– Ein U-Boot auf Unterwasserfahrt,
– Eine Kartoffel in Süß- und in Salzwasser,

3.1.17 Ein Tischtennisball als Nichtschwimmer

Geräte und Materialien
1. ein Tischtennisball
2. ein großer Glastrichter
3. ein Gefäß mit Wasser zum Füllen des Trichters
4. eine Glaswanne oder ein Becken

Beschreibung und Durchführung
Um Panschereien mit Wasser zu vermeiden, sollte der Versuch vom Lehrer über einem Becken oder einer Glaswanne durchgeführt werden, evtl. unter Mithilfe eines Schülers.

Der Tischtennisball wird in den Trichter gelegt und mit dem Finger darin leicht festgedrückt. Dann wird Wasser hineingegossen. Wenn der Trichter mit Wasser gefüllt ist, wird der Ball losgelassen. Eventuell abfließendes Wasser kann von oben nachgegossen werden.

Ergebnis
Der Tischtennisball bleibt auf dem Grunde des Trichters liegen. Erst wenn die Abflußöffnung von unten mit dem Finger verschlossen wird, steigt er an die Wasseroberfläche.

Erklärung
Auch wenn Wasser unter den Tischtennisball gelangt, kommt dort kein hydrostatischer Druck zustande, weil das Wasser abfließen kann. Der Tischtennis-

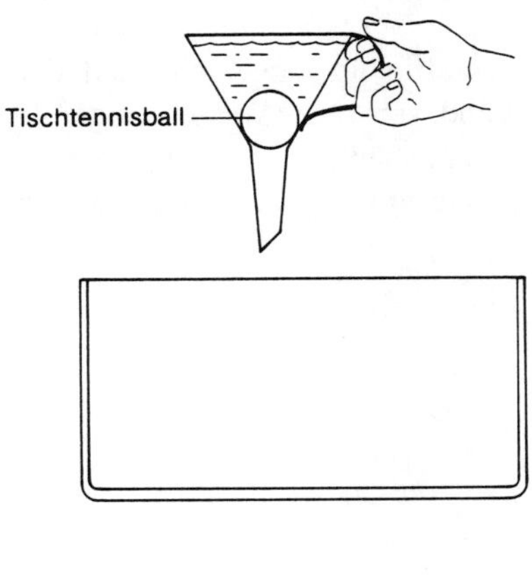

Abb. 1.17: Da der Schweredruck des Wassers von unten ausbleibt, erfährt der Tischtennisball keinen Auftrieb

ball erfährt also keinen Auftrieb; lediglich das Gewicht des Wassers drückt ihn auf den Boden.

Wird der Abfluß mit dem Finger von unten verschlossen, so entsteht auch unter dem Tischtennisball ein Schweredruck. Da der Auftrieb größer ist als das Gewicht des Balles, steigt er nach oben.

Möglicher Konflikt
Daß ein Tischtennisball im Wasser nicht schwimmt, verblüfft die Schüler nicht nur, weil es allen bisherigen Beobachtungen widerspricht. Auch wenn im Unterricht bereits die Bedingungen für „Schwimmen – Schweben – Sinken" besprochen sind, finden sie dafür kaum eine Erklärung, da das Gewicht des Balles augenfällig geringer erscheint als der mögliche Auftrieb. So kommt es zu einem gedanklichen Konflikt zwischen dieser Theorie und der unerwarteten Beobachtung. Gruppe B.

Einsatz im Unterricht
Als Einführungsversuch in das Thema „Auftrieb und Schwimmen" ist dieses Experiment nicht geeignet, da die Erklärung der beobachteten Phänomene Grundkenntnisse über das Entstehen von Schwimmen – Schweben – Sinken voraussetzt. Der Versuch gehört vielmehr auf die Stufe des Einübens und Behaltens, nachdem geklärt ist, wie durch Schweredruck im Wasser der Auftrieb entsteht. Der besondere Reiz liegt gerade darin, daß die Schüler erkennen, warum ein Auftrieb nicht zustande kommen kann, weil ein Schweredruck von unten auf den Körper fehlt.

Zunächst sollte gezeigt werden, wie der Tischtennisball auf dem Grund des Trichters liegenbleibt. Erst wenn die Schüler im Unterrichtsgespräch keine rechte Erklärung gefunden haben, sollte gezeigt werden, wie der Ball hochsteigt, wenn der Trichterabfluß von unten verschlossen wird.

Weitere Zusammenhänge
- Ein Korken wird an der Unterseite mit Paraffin überzogen und auf den Boden eines Becherglases gedrückt, während von oben Wasser eingefüllt wird. Er bleibt auf dem Boden, wenn man ihn losläßt.
- Gesunkene Schiffe, die im Meeresboden eingesunken sind, lassen sich nur sehr schwer heben.

3.1.18 Eine wundersame Wandlung

Geräte und Materialien

1. zwei Flüssigkeiten, die sich deutlich in Dichte und Farbe unterscheiden. Z. B.: Alkohol oder Spiritus und mit Kaliumpermanganat eingefärbtes Wasser
2. vier Schnapsgläser
3. zwei Postkarten

Beschreibung und Durchführung

Ein Schnapsglas wird mit gefärbtem Wasser, das andere mit Brennspiritus gefüllt. Das Wasserglas deckt man mit einer Postkarte ab und stellt es mit der Öffnung nach unten auf das andere Glas. Die Glasränder liegen nun genau übereinander, wobei diese wie auch die Flüssigkeiten durch die Postkarte voneinander getrennt sind. Auf die gleiche Weise wird daneben ein weiterer Versuch aufgebaut, wobei aber der Spiritus durch klares Wasser zu ersetzen ist. Nun verschiebt man in beiden Versuchen die Postkarten so lange, bis die beiden Flüssigkeiten im Bereich eines kleinen Schlitzes jeweils Kontakt miteinander bekommen (s. Abb. 1.18).

Ergebnis

Nach einigen Minuten (abhängig von der Schlitzbreite) hat ein Austausch der beiden Flüssigkeiten stattgefunden. Im oberen Glas wird Spiritus, im unteren das gefärbte Wasser zu finden sein. Eine Vermischung der beiden Flüssigkeiten ist nur in geringem Maße zu beobachten. Im Parallelversuch ist kein Austausch der Flüssigkeiten zu beobachten, solange sich in beiden Gläsern Wasser mit gleicher Temperatur befindet.

Erklärung

Wasser hat eine Dichte von 1 $\frac{kg}{dm^3}$; Alkohol eine von 0,79 $\frac{kg}{dm^3}$; und Brennspiritus eine von 0,83 $\frac{kg}{dm^3}$.

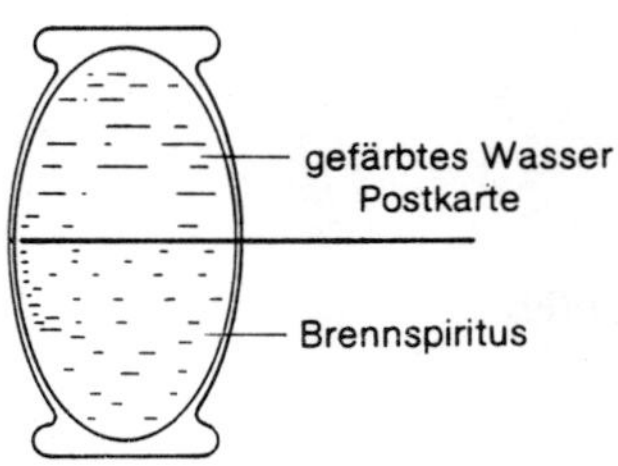

Abb. 1.18: Der Brennspiritus wird nach einiger Zeit im oberen Glas zu finden sein

Obwohl der Spalt nicht sehr groß ist, kann man beide Gläser als ein Gefäß ansehen. In dem Augenblick, in dem der Spiritus Verbindung mit der über ihm liegenden Wasserschicht bekommt, erfährt er wegen seiner geringen Dichte einen Auftrieb.

Möglicher Konflikt
Die Schüler kennen den Inhalt der Schnapsgläser nicht. Für sie scheinen beide Versuche unter gleichen Voraussetzungen abzulaufen. Trotz dieser scheinbar gleichen Voraussetzungen zeigen sich jedoch unterschiedliche Versuchsergebnisse. Es baut sich bei den Schülern ein Konflikt aufgrund zweier nicht im Einklang stehender Beobachtungen auf, obwohl beide Versuchsergebnisse die gleiche Ursache zu haben scheinen. Gruppe A.

Einsatz im Unterricht
Der Auftrieb von festen Körpern in Flüssigkeiten und Gasen wurden in den vorhergehenden Stunden behandelt. Das Experiment sollte den Schülern nun zeigen, daß die bereits erarbeiteten Gesetzmäßigkeiten auch für den Auftrieb von Flüssigkeiten gelten.

Nach der Versuchsdemonstration stellten wir den Schülern (Gruppen von je drei Schülern) entsprechende Versuchsmaterialien zur Verfügung. Sie bekamen den Auftrag, den Versuch nachzuvollziehen um durch sorgfältige Beobachtungen Lösungsansätze für das Verhalten der Flüssigkeiten zu finden.

Bei Bedarf konnten die Schüler auf ihr Lehrbücher zurückgreifen, um Dichten zu entnehmen oder Gesetzmäßigkeiten noch einmal nachzulesen.

Weiter Zusammenhänge
- Kalte Milch wird in heißen Kaffe gegossen
- Fettaugen schwimmen auf der Suppe
- Auf frischer Milch bildet sich über Nacht eine Rahmschicht
- Beim Tauchen in einem tiefen See spürt man sehr schnell eine Temperaturabnahme.

3.1.19 Die schwimmende Rasierklinge

Geräte und Materialien
1. Becherglas, Teller, Glasschale oder ähnliches Gefäß
2. Rasierklinge
3. Seiden- oder Toilettenpapier

Beschreibung und Durchführung

Das Becherglas wird mit Wasser gefüllt. Auf die Wasseroberfläche legt man ein Stück Seidenpapier und darauf die Rasierklinge.

Der Versuch kann auch mit schwereren metallischen Gegenständen (Nadel, Alumünze, ...) durchgeführt werden. Dazu sollte man allerdings die Gegenstände mit einer dünnen Fettschicht überziehen. Dies erreicht man sehr einfach, indem man die Gegenstände mehrfach mit den Fingern abreibt.

Ergebnis

Rasierklinge, Nadel oder Münze bleiben auf der Wasseroberfläche liegen, nachdem sich das Seidenpapier mit Wasser vollgesogen hat und abgesunken ist. Dabei sieht man, daß das Wasser scheinbar über eine Haut verfügt, die sich unter dem Gewicht der Gegenstände etwas eindrückt, aber nicht zerreißt.

Erklärung

Die verwendeten Materialien haben eine Dichte, die deutlich über der von Wasser liegt. Es ist also zu erwarten, daß die Gegenstände versinken. Aber zwei Kräfte halten die Gegenstände an der Wasseroberfläche:

- Die Oberflächenspannung ist so groß, daß die Wasseroberfläche wie eine dünne Haut zusammengehalten wird. Dies läßt sich auf Kohäsionskräfte zwischen den Oberflächenmolekülen zurückführen. Die Haut hat das Bestreben, eine möglichst kleine Fläche einzunehmen, was zu einer vertikalen Kraft führt, die der Gewichtskraft der Rasierklinge entgegenwirkt.
- Zum anderen spielt der Auftrieb eine Rolle, der aber sehr gering ist. Nach dem archimedischen Prinzip erfährt die Rasierklinge eine Auftriebskraft, die der Gewichtskraft des von ihr verdrängten Wassers entspricht.

Die Fettschicht auf den schweren Gegenständen verringert die Adhäsionskräfte zwischen der Wasseroberfläche und der Unterseite der Gegenstände, was zu einer geringeren Benetzung führt.

Die Dichten der verwendeten Stoffe betragen:

$$\rho_{Fe} = 7{,}86\ \frac{g}{cm^3}\ ;\ \rho_{Al} = 2{,}7\ \frac{g}{cm^3}\ ;\ \rho_{H_2O} = 1\ \frac{g}{cm^3}\ ;$$

Möglicher Konflikt

Eisen und Aluminium sind schwerer als Wasser. Die Schüler meinen aus ihrer alltäglichen Erfahrung zu wissen, daß die Rasierklinge sinken muß. Man kann die Meinung der Schüler noch einmal bestätigen, indem man vor der Versuchsdurchführung die Rasierklinge schräg ins Wasser gleiten läßt.

Sehen die Schüler die Rasierklinge auf dem Wasser schwimmen, kommt es zu einem Widerspruch zwischen ihren bisherigen Erfahrungen und ihrer Beobachtung. Gruppe C. Es kommt zu einem Konflikt aus der Gruppe A, wenn die Schüler ihre Beobachtungen an der zuvor versunkenen Rasierklinge mit der nun schwimmenden vergleichen.

Einsatz im Unterricht
Das Teilchenmodell als Erklärung für den Aufbau der Körper wurde in den vorhergehenden Stunden behandelt. Am Beispiel der Oberflächenspannung sollte eine Anwendung des Modells für Flüssigkeiten gezeigt werden.

Wir veranlaßten die Schüler, in Partnerarbeit den Versuch mit verschiedenen Gegenständen durchzuführen und ihre Beobachtungen zu notieren. Schneller arbeitenden Schülern gaben wir die Möglichkeit, zusätzlich mit heißem Wasser und mit Seifenlösung zu experimentieren.

Nachdem die Beobachtungen an der Tafel gesammelt waren, sollten die Schüler ihre Erklärung für die Beobachtungen äußern. Ein falscher Ansatz („Das Wasser hat eine Haut wie abgestandene Milch") wurde durch Umrühren des Wassers widerlegt. Andere Vorstellungen („Eisen und Wasser stoßen sich ab") konnten im Gespräch geklärt werden.

Mit Hilfe des Teilchenmodells wurde die Oberflächenspannung erklärt.

Weitere Zusammenhänge
- Mit Hilfe eines Spülmittels oder einer Temperaturerhöhung läßt sich die Oberflächenspannung vermindern.
- Benetzende und nicht benetzende Flüssigkeiten
- Die Oberfläche von Wasser in einem Reagenzglas steigt an den Rändern höher als in der Mitte, was auf Adhäsionskräfte zurückzuführen ist.
- Auf einem gewachsten Autodach bilden sich nur kleine einzelne Wassertropfen.
- Wieso sind die Tropfen aus einem undichten Wasserhahn nicht als kleine Würfel oder Zylinder ausgebildet?

3.1.20 Eine Postkarte macht Musik

Geräte und Materialien
1. ein Plattenspieler
2. eine (alte) Schallplatte, möglichst aus der Zeit vor 1960, die noch mit 78 Umdrehungen/Minute abzuspielen ist
3. eine Postkarte mit „scharfen" Ecken

Beschreibung und Durchführung
Nachdem die Schallplatte aufgelegt und der Plattenspieler in Betrieb gesetzt

ist, wird eine Ecke der Postkarte locker in die Rille der Schallplatte gesetzt (s. Abb. 1.20).

Ergebnis
Die auf der Schallplatte aufgezeichnete Musik erklingt rein und deutlich, wenn auch leiser als bei „normaler" Wiedergabe.

Erklärung
Die spitze Ecke der Postkarte durchfährt die in den Rillen der Schallplatte aufgezeichneten Schallschwingungen genauso wie sonst übliche Kristallnadeln. Während aber normalerweise bei der Schallwiedergabe die Schwingungen erst einmal in elektrische Signale übertragen werden und dann nach entsprechender Verstärkung im Lautsprecher in Schall zurückverwandelt werden, wirkt die Postkarte im beschriebenen Versuch direkt zur Resonanzverstärkung.

Möglicher Konflikt
Zum Teil verfügen die Schüler heute über relativ weite Vorkenntnisse auf dem Gebiet der Tonwiedergabegeräte. Ihr mehr vokabelhaftes Wissen liegt aber durchweg im technischen Bereich, ohne daß die physikalischen Zusammenhänge erfaßt sind. So sehen sie auch die Tonwiedergabe beim Plattenspieler als einen durch Elektrizität bewirkten komplizierten Vorgang an, der sich – für sie nicht durchschaubar – in „verdeckten Gehäusen" abspielt. Umso überraschter sind sie, daß sich die Tonwiedergabe mit einer einfachen Postkarte bewirken läßt. Sie geraten in einen gedanklichen Konflikt zwischen ihrer heimlichen Theorie (elektrisch bewirkte Wiedergabe) und der neuen Beobachtung. Gruppe B.

Einsatz im Unterricht
Musik hat auch für Schüler vor allem eine affektive Komponente. Ihr Interesse am Plattenspieler richtet sich deshalb auch kaum auf die physikalische Erörte-

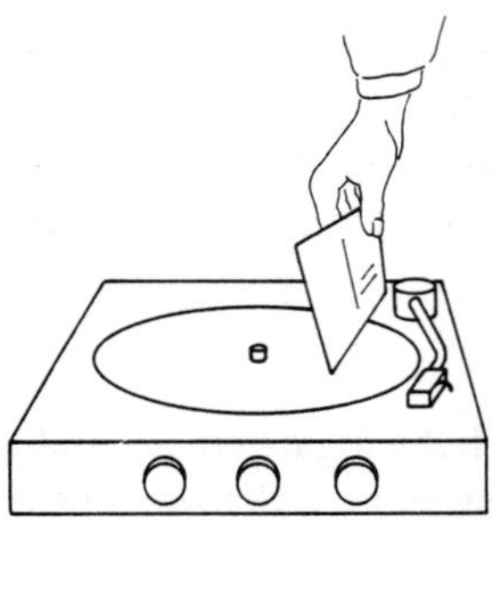

Abb. 1.20: Die Postkarte wirkt als Resonanzverstärker

rung der Schallentstehung. Der verblüffende Ausgang des Versuches aber, daß einer Schallplatte mit einer gewöhnlichen Postkarte Musik entlockt werden kann, wirkt stark anregend, sich mit den Ursachen auseinanderzusetzen. Deshalb eignet sich dieser Versuch als Einstieg, Schüler an das Kapitel „Akustische Schwingungen und Wellen" heranzuführen. Wie Töne entstehen, wie sie ins Ohr gelangen und wie sie z.B. in Schallplatten gespeichert werden können, werden so wichtige Fragen, die es im Unterricht einzeln zu untersuchen gilt.

Weitere Zusammenhänge
- Schallentstehung: Stimmgabel, Musikinstrumente, Stimmbänder als Schallquellen
- Ausbreitung des Schalles, Schallgeschwindigkeit
- Musik und Lärm - Lärmdämpfung, Lärmschutz
- gespeicherter Schall.

3.1.21 Der Klammertanz auf dem Gummiseil

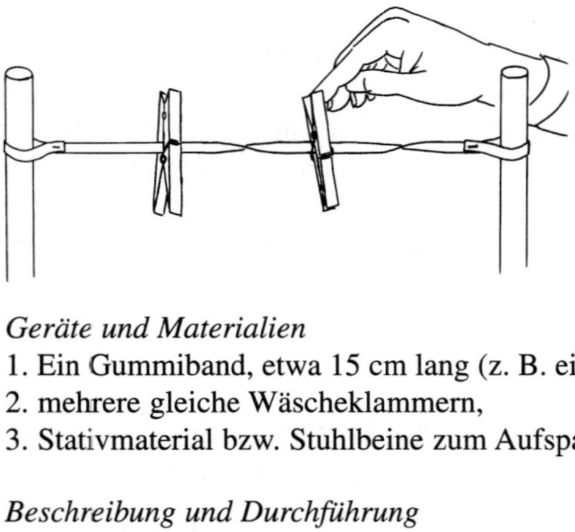

Abb. 1.21

Geräte und Materialien
1. Ein Gummiband, etwa 15 cm lang (z. B. ein durchgeschnittener Weckring),
2. mehrere gleiche Wäscheklammern,
3. Stativmaterial bzw. Stuhlbeine zum Aufspannen des Gummibandes.

Beschreibung und Durchführung
Das Gummiband wird straff auf etwa 60 cm Länge zwischen Stativstangen aufgespannt. Die Schlaufen können dazu z. B. mit Hilfe eines „Tackers" geheftet werden. Zwei Wäscheklammern werden nun im Abstand von etwa 5 bis 6 cm an das Gummiband geklammert. Eine Klammer wird dann um etwa 90° verdreht und losgelassen.

Ergebnis
Zunächst führt die verdrehte Klammer gleichmäßige Schwingungen aus. Bald beginnt auch die zweite Klammer zu schwingen. Je weiter die Schwingungs-

ausschläge der zweiten Klammer anwachsen, desto kürzer werden die der ersten Klammer. Schließlich bleibt die erste Klammer ganz stehen, während die zweite bald ihr Maximum erreicht. Je geringer dann deren Ausschläge werden, desto mehr nehmen die ersten wieder zu. Dieses Wechselspiel wiederholt sich längere Zeit unter Abschwächung, bis Ruhestellung eintritt.

Erklärung
Die beiden Klammern sind als Pendel gleicher Frequenz zu betrachten, die durch Kopplung ihre Schwingungsenergie austauschen. Indem eine Klammer aus der Ruhelage nach oben gedreht wird, verdreht sich auch das Gummiband. Diese Verdrehung überträgt sich auf die andere Klammer, die dadurch auch in Schwingungen versetzt wird. Sie entzieht dabei der ersten Klammer mehr und mehr Energie, bis diese zum Stillstand kommt. Danach beginnt der Vorgang erneut in umgekehrter Richtung. Reibungsverluste an der Luft führen zur Energieabnahme und damit zur Verringerung der Schwingungsweiten bis zum Stillstand in der Ruhelage.

Möglicher Konflikt
Daß ein verdrehtes Gummiband einen anhängenden Gegenstand zum Schwingen bringt, ist den Schülern bekannt. Wie aber das gegenläufige Wechselspiel der beiden Klammern zwischen Zunahme – Abnahme – Stillstand beim Schwingen zu erklären ist, können sie nicht deuten. Sie geraten dadurch in einen Konflikt zwischen bisherigen Beobachtungen und dieser neuen. Gruppe A.

Einsatz im Unterricht
Durch den Versuch kann eindrucksvoll demonstriert werden, wie die Ausbreitung mechanischer Wellen vor sich geht, insbesondere, wenn anschließend mehrere Klammern in gleichem Abstand an das Gummiband geklammert werden. Der Versuch eignet sich deshalb besonders als Einführungsversuch in das Stoffgebiet Schwingungen und Wellen. Ohne weitere Erklärung führt der Lehrer den Versuch mit zwei Klammern vor. Die Schüler beschreiben ihre Beobachtungen, evtl. versuchen sie bereits, sie zu deuten. Ohne Kommentar steckt der Lehrer dann weitere Klammern (etwa 6 oder 8) in gleichem Abstand an das Gummiband und stößt die erste Klammer erneut an. Die Schüler beobachten, wie sich die Schwingungen durch die ganze Reihe bis zur letzten Klammer fortsetzen und von dort wieder rückschreitend übertragen. Betrachtungen über den Energieaustausch bei diesen Vorgängen können als Modell für die Ausbreitung mechanischer Wellen allgemein dienen.

Weiterführende Zusammenhänge
– Ausbreitung von Wellen im Wasser, in der Luft
– Wellen transportieren Energie, aber keine Materie
– Quer- und Längswellen
– Schallwellen in der Akustik

3.1.22 Gestörtes Stehvermögen

Geräte und Materialien
Ein möglichst leichter Gegenstand zum Aufheben, z. B. ein Taschentuch.

Durchführung
1. Ein Schüler stellt sich mit den Fersen an eine Wand (ohne Scheuerleiste) oder eine Tür. Er soll den Gegenstand aufheben, den der Lehrer dort hingelegt hat. Die Knie bleiben dabei durchgedrückt.
2. Ein anderer Schüler nimmt seinen Platz ein. Er soll das gestreckte Bein heben und hochhalten.

Ergebnis
Beide Versuche gelingen nicht. Die Schüler kippen nach vorne über.

Erklärung
In der Ausgangsstellung befindet sich der Schwerpunkt in Nabelhöhe im Innern des Körpers. Er liegt deshalb über der Standfläche der Füße, aber nicht sehr weit von den Fußspitzen entfernt. Wird der Oberkörper vorgebeugt oder ein Bein angehoben, so ändert sich die Massenverteilung, der Schwerpunkt des Körpers wandert über die Fußspitzen (als Kippkante) hinaus, und der Schüler kippt nach vorne über.

Möglicher Konflikt
Selbst wenn die Schüler bereits über Kippversuche nachgedacht haben und wissen, daß ein Körper umfällt, wenn sein Schwerpunkt außerhalb der Kipp-

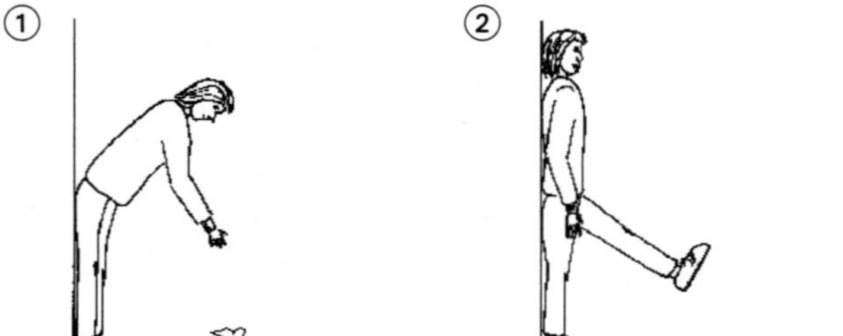

Abb. 1.22/1

kante liegt, können sie nicht erklären, warum sie in diesem Fall das Taschentuch nicht aufheben können. Zu sehr ist das intuitiv richtige Verhalten beim Aufheben von Gegenständen in Fleisch und Blut übergegangen. So führt der Widerspruch zwischen der Selbstverständlichkeit und den plötzlich ganz andersartigen Beobachtungen zu einem Konflikt der Gruppe A.

Einsatz im Unterricht

Bei den Versuchen können die Schüler die Abhängigkeit der Standsicherheit von der Massenverteilung am eigenen Leibe erleben. Möglichst viele sollten dabei mittun. Damit es nicht langweilig wird, hier weitere Beispiele zur Auswahl:

Ein Schüler stellt sich seitlich an die Wand. Er soll das der Wand abgewandte Bein heben.

Ein Schüler stellt sich mit den Fußspitzen an die Wand. Er soll sich auf die Zehenspitzen stellen.

Ein Schüler sitzt auf einem Stuhl mit dem Rücken an der Lehne. Die Füße sind etwas vorgestellt, die Hände ruhen auf den Knien. Er soll aufstehen.

Ein Schüler sitzt wie bei (5) auf dem Stuhl mit dem Unterschied, daß er die Füße gegen die Stuhlbeine stellt. Der Lehrer stellt sich vor ihn, sieht ihn starr an, hält ihm seinen Zeigefinger vor seine Stirn und behauptet, er könne nun nicht mehr aufstehen. Erst wenn er den Finger wegnimmt, gelingt es.

Die Schüler werden bald Vermutungen darüber anstellen, warum „es" immer nicht klappt. Indem sie vormachen und beschreiben, wie sie sich sonst verhalten, wenn sie sich bücken, die Beine abspreizen, sich auf die Fußspitzen stellen, vom Stuhl erheben u. ä., zeichnet sich der Zusammenhang zwischen Schwerpunktlage und Standfestigkeit deutlich ab. Nun können systematische Kippversuche folgen.

Weiterführende Zusammenhänge

Beispiele für die praktisch-technische Bedeutung der Standfestigkeit:

– Stielgläser kippen leichter als Wassergläser,

Abb. 1.22/2

– beladene Schiffe liegen ruhiger im Wasser als leere,
– Rennwagen sind breit und flach gebaut,
– Ringkämpfer greifen breitbeinig und geduckt an,
– Autos nicht zu schwer und zu hoch mit Dachgepäck beladen,
– Kräne!

3.1.23 Von sinkenden, schwebenden und schwimmenden Eiern

Geräte und Materialien

1. Drei frische Eier (oder drei Kartoffeln),
2. drei gleichgroße Glasgefäße (z.B. Einkochgläser oder große Bechergläser),
3. drei Löffel zum Herausheben der Eier,
4. Wasser,
5. Salz.

Beschreibung und Durchführung

Die Flüssigkeiten in den Gläsern werden vor dem Unterricht vom Lehrer vorbereitet. Dazu stellt er sich durch Auflösen von Salz in Wasser zunächst eine gesättigte Kochsalzlösung her. In das Glas 1 gießt er Leitungswasser, in das Glas 3 die gesättigte Kochsalzlösung, in Glas 2 mischt er beides und probiert durch Zugabe von Wasser zur Salzlösung so lange, bis das Ei darin schwebt. Die Eier werden dann im Unterricht von drei Schülern gleichzeitig vorsichtig in die Gläser gegeben.

Ergebnis

In Glas 1 sinkt das Ei auf den Boden, in Glas 2 schwebt es, und in Glas 3 schwimmt es.

Erklärung

Nach dem Archimedischen Prinzip ist der Auftrieb, den ein Körper in einer Flüssigkeit erfährt, so groß wie die Gewichtskraft der durch ihn verdrängten Flüssigkeit. Der Auftrieb ist also von der Dichte der Flüssigkeit abhängig.

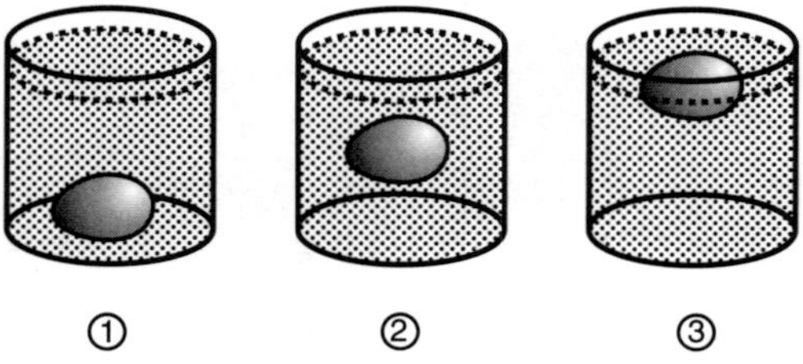

Abb. 1.23/1

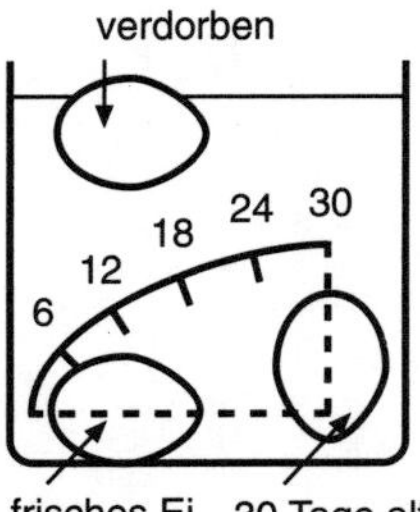

Abb. 1.23/2

Durch Zugabe von Salz bzw. Wasser läßt sich die Salzwasserlösung so abstimmen, daß ihre Dichte der mittleren Dichte des Eies entspricht. Dadurch kann man das Ei zum Schweben in der Lösung bringen. Benutzt man eine konzentrierte Salzlösung, so ist deren Dichte größer als die des Eies, das dadurch in der Lösung schwimmt. Leitungswasser hingegen hat eine geringere Dichte als das Ei; es sinkt deshalb auf den Boden.

Ein verdorbenes Ei würde übrigens im Wasser schwimmen, da durch die Eierschale Wasser aus seinem Innern verdunstet ist und sich durch Luftaustausch eine Luftkammer in seinem dicken Ende gebildet hat. Aus dem „Aufstellwinkel" kann man auf das Alter des Eies schließen (s. Abbildung).

Möglicher Konflikt
Da sowohl die Flüssigkeiten als auch die Eier in allen drei Gläsern völlig gleich aussehen, können sich die Schüler nicht erklären, warum die Eier so unterschiedlich reagieren, wenn sie in die Flüssigkeit gelangen. Aus den Beobachtungen mit ihren Widersprüchen ergibt sich ein Konflikt der Gruppe A.

Hinweise zum Unterricht
Bisher ist der Zusammenhang zwischen Auftrieb und Schwimmfähigkeit lediglich an Körpern im Wasser untersucht worden. Nunmehr geht es um den Nachweis, daß der Auftrieb in unterschiedlichen Flüssigkeiten verschieden sein kann. Anschließend läßt sich dann als generalisierende Aussage das Archimedische Prinzip ableiten.

Löst der Versuchsaufbau mit den drei Eiern, die sich in Flüssigkeit unterschiedlich verhalten, zunächst Verblüffung aus, so regt er die Schüler doch auch zu Vermutungen an, denen nachgegangen werden sollte. Wenn sie z. B. vermuten, daß es sich bei dem schwimmenden Ei um ein verdorbenes handeln könnte, das an Gewicht verloren hat und deshalb nicht untergeht, sollten Gewichtsvergleiche und Riechproben durchgeführt werden. Auch Geschmacksproben der Flüssigkeiten sollten möglich sein (Warnung vor Gefahren!). Als

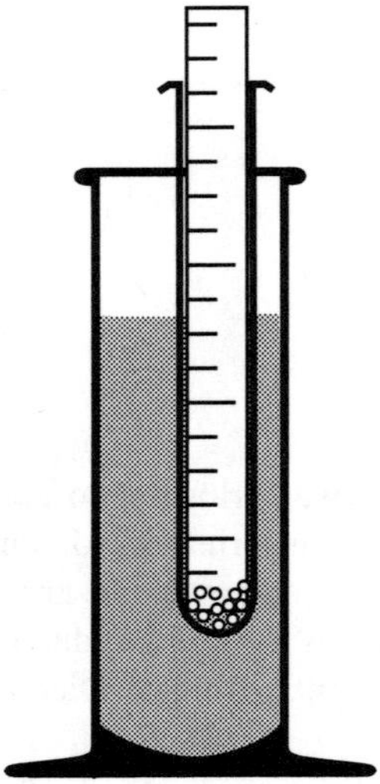

Abb. 1.23/3

Nachweis für die unterschiedliche Dichte der drei Flüssigkeiten bietet sich der folgende Versuch an:
Ein Reagenzglas, in das etwas Bleischrot oder Sand gefüllt ist, wird mit einer Strichskala versehen und in die Flüssigkeit gesenkt. Je nach deren Dichte sinkt es verschieden tief.

Weiterführende Zusammenhänge
- Nach dem Verfahren im letzten Versuch arbeitet auch die Senkwaage (Aräometer)
- Lademarken an Schiffen, die in Süß- und Salzwasser fahren,
- Baden im Toten Meer.

3.1.24 Münzen ohne Raumbedarf?

Geräte und Materialien
1. Ein Glasgefäß mit großer Öffnung, z. B. Sektschale,
2. etwa 30 Zehnpfennigstücke.

Beschreibung und Durchführung
Der Lehrer läßt schätzen, wieviele Zehnpfennigstücke in die bis zum Rand mit Wasser gefüllte Schale hineinpassen, bis sie überläuft. Dann läßt er Münze auf Münze schräg mit dem Rand voraus in das Wasser hineingleiten.

Ergebnis

Es finden wesentlich mehr Münzen im Wasser Platz, als die Schüler vermuten (etwa 20). Das Wasser wölbt sich dabei etwas über den Rand.

Erklärung

Der Zusammenhalt zwischen den Wassermolekülen durch Kohäsionskräfte bewirkt, daß sich die Wasserfläche hochwölben kann (Oberflächenspannung). Geht man davon aus, daß der Anstieg des Wassers um 1 mm als Mittelwert zulässig ist, so beträgt das verdrängte Volumen bei 100 mm Glasdurchmesser dann:

$V_{(Glas)} = r^2 \cdot \pi \cdot h = 50^2 \cdot 3{,}14 \cdot 1 = 7850\ mm^3$.

Das Zehnpfennigstück hat einen Durchmesser von 20 mm.

Es ist 1 mm dick. Sein Volumen beträgt deshalb:

$V_{(Münze)} = r^2 \cdot \pi \cdot h = 10^2 \cdot 3{,}14 \cdot 1 = 314\ mm^3$.

Es können somit 25 Zehnpfennigstücke vom Wasser aufgenommen werden, bevor es überläuft.

Möglicher Konflikt

Wenn in ein mit Wasser vollgefülltes Gefäß etwas hineinfällt, läuft es über. Diese Beobachtung haben Schüler schon oft gemacht. Sie wissen: „Wo ein Körper ist, kann kein zweiter sein". Deshalb finden sie auch keine Erklärung dafür, warum in das gefüllte Glas noch so viele Münzen hineinpassen. So entsteht ein Konflikt zwischen der bisherigen und der neuen Beobachtung. Gruppe A.

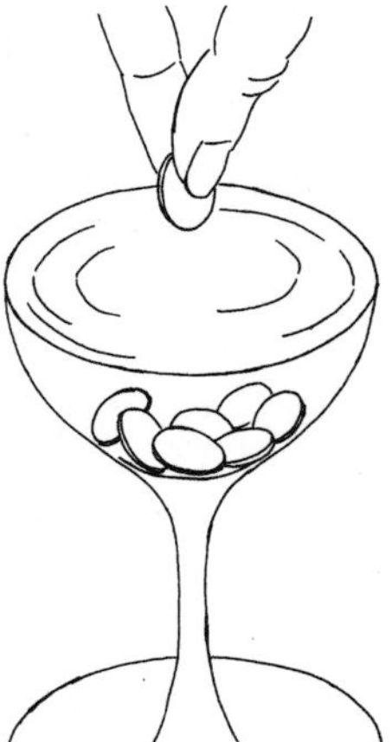

Abb. 1.24

Einsatz im Unterricht

Der Versuch ist unter zwei Sachaspekten zu betrachten:

1. Die Münzen nehmen einen Raum ein und verdrängen deshalb Wasser,
2. die Kohäsionskräfte zwischen den Wassermolekülen bewirken, daß sich die Wasserfläche über den Rand des Gefäßes hochwölben kann (Oberflächenspannung).

Zwischen diesen beiden Aspekten sollte die unterrichtliche Behandlung des Versuchs angeordnet werden. Zunächst können bereits gewonnene Einsichten über Raumeinnahme durch Körper und Volumenmessung sowie Volumenberechnung wiederholt und vertiefend gelernt werden. Die Frage, wie das Hochwölben des Wassers zu erklären ist, dient als Einstieg zur Behandlung der Kohäsion.

Nachdem das Glas mit Wasser gefüllt worden ist, zeigt ein Lehrer ein Zehnpfennigstück und läßt die Schüler schätzen, wieviele von den Münzen in das Glas noch hineinpassen. Das Ausprobieren muß aus technischen Gründen wohl im Demonstrationsversuch erfolgen. Reizvoll könnte es sein, wenn im Schülerversuch ermittelt wird, wer ohne Überlauf die meisten Zehnpfennigstücke unterbringen kann.

Die rechnerische Überprüfung kann durch Ausmessen des Volumens der bei der Verdrängung benutzten Münzen mit dem Meßzylinder ergänzt werden.

Weiterführende Zusammenhänge

- Kohäsionskräfte im Innern und an der Oberfläche des Wassers,
- Oberflächenspannung,
- ein Wasserläufer kann auf Wasser stehen,
- Adhäsionskräfte zwischen verschiedenen Stoffen,
- Entspannung von Wasser,
- Kapillarwirkung.

3.1.25 Die schlagkräftige Münze

Geräte und Materialien

1. Ein Zehn-Pfennig-Stück,
2. eine Milchflasche,
3. ein Plastikbeutel.

Beschreibung und Durchführung

Die Münze wird in die Flasche gegeben. Darüber zieht man aus Sicherheitsgründen den Plastikbeutel. Dann schlägt man die Flasche weit ausholend mit

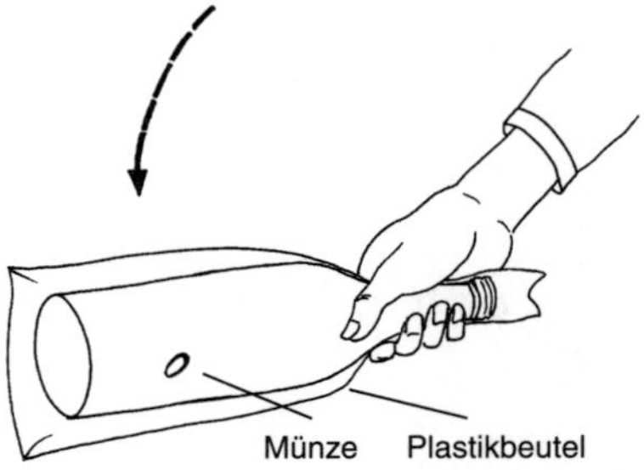

Abb. 1.25/1

kräftigem Schwung mehrmals von oben nach unten. Um einen möglichst wirksamen Aufschlag der Münze auf die Glaswand zu erzielen, wird die Bewegung jedesmal abrupt gestoppt.

Ergebnis
Entgegen allen Erwartungen schlägt die Münze ein Stück aus der Glaswand der Flasche heraus.

Erklärung
Der Stoß, den die senkrecht auftreffende Münze auf die Glaswand ausübt, hängt von ihrer Masse und ihrer Geschwindigkeit ab. Die zerstörerische Wirkung ist bei Auftreffen von innen aber wesentlich größer als von außen, da die Kraft auf einen Punkt konzentriert bleibt. Beim Auftreffen von außen würde sie weitgehend von der Glaswand aufgenommen und verteilt.

Möglicher Konflikt
Oft genug haben die Schüler beobachtet, wie robust sich sowohl leere als auch volle Flaschen gegen Stöße verhalten. Deshalb vermuten sie, daß in diesem Fall die Flasche auch widerstandsfähig genug ist, den kleinen Schlag des Zehn-Pfennigstückes heil zu überstehen. Als das Gegenteil eintritt, wissen sie keine Erklärung. So kommt es zu einem Konflikt der Gruppe A.

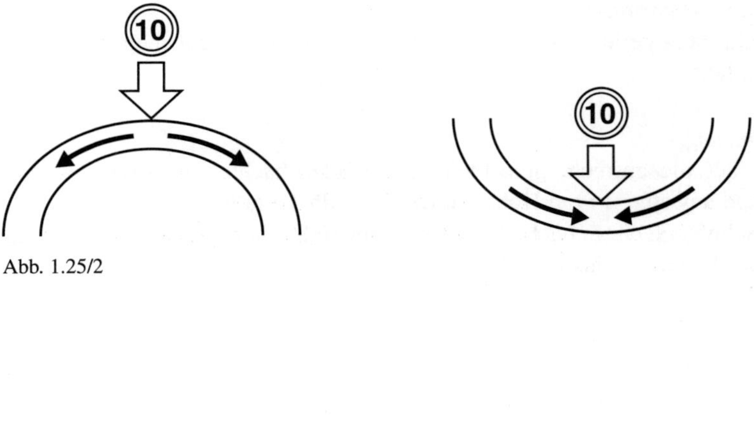

Abb. 1.25/2

Abb. 1.25/3

Einsatz im Unterricht
Mit dem Versuch läßt sich zeigen, welche Gefahren auftreten können, wenn die Wirkung von Kräften falsch eingeschätzt wird. Als Gegenbeispiel sollte den Schülern dann aber auch die Stabilität und Tragfähigkeit von Konstruktionen mit Wölbung vor Augen geführt werden. Dazu eignet sich der Belastungsversuch auf Eierschalen. Drei ausgeblasene Eier (Dreipunktauflage) werden zunächst mit etwas Klebeband an den ausgestochenen Stellen überklebt, dann in die Eierbecher gestellt und schließlich durch Bücher o. ä. belastet. Ihre Tragkraft ist enorm hoch.

Weiterführende Zusammenhänge
Beispiele für Stabilität durch Wölbung:
- Staumauer von Talsperren,
- Tunnelbauten,
- Bogenkonstruktion im Brückenbau,
- Kirchengewölbe.

3.1.26 Die standsichere Streichholzschachtel

Geräte und Materialien
Eine nicht ganz gefüllte Streichholzschachtel, die sich leicht ineinander verschieben läßt.

Durchführung
1. Man läßt die aufrecht gehaltene Streichholzschachtel in geschlossenem Zustand aus etwa 15 cm Höhe auf die Tischfläche fallen.
2. Das Schubfach der Schachtel wird etwa zur Hälfte herausgezogen und dann wie bei 1. fallen gelassen.

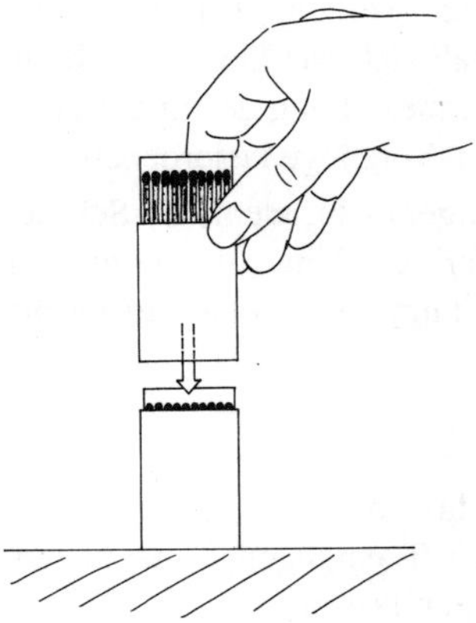

Abb. 1.26

Ergebnis
Während die Schachtel bei Versuch 1 in der Regel umkippt, bleibt sie bei Versuch 2 meistens stehen.

Erklärung
Auf die geschlossene Streichholzschachtel wirkt sich die rücktreibende Kraft beim Aufprall wesentlich stärker aus als auf die halb geschlossene. Bei dieser schiebt sich durch die Trägheit das Schubfach beim Aufprall etwas in die Schachtelhülle hinein. Ein Teil der Aufprallenergie wird daher beim Schließen der Schachtel durch Reibung abgefangen. So kommt es, daß die geschlossene Schachtel stärker wieder hochgeschleudert wird und deshalb leichter umkippt.

Möglicher Konflikt
Der Unterschied in den Versuchsergebnissen dürfte den Schülern Rätsel aufgeben. Selbst wenn sie im Mechanik-Unterricht Beispiele für Energieumwandlungen kennengelernt haben (z. B. beim Trampolinspringen), bedenken sie meistens nicht die Auswirkung der Trägheit und der dabei auftretenden Reibung. So kommt es zu einem Konflikt der Gruppe A bzw. B.

Einsatz im Unterricht
Energieumwandlungen werden im Mechanikunterricht zumeist an Beispielen besprochen. Durch die Versuche mit der Streichholzschachtel kann eine Variante hinzutreten, bei der die Schüler im Schülerversuch selber aktiv werden können.

Zunächst sollen sie probieren, die senkrecht herabfallende Streichholzschachtel zum Stand zu bringen. Mißerfolge fordern zu Überlegungen heraus, wie man es besser machen kann. Ob ein Schüler von sich aus auf den Trick mit dem herausgezogenen Schubfach kommt, bleibt abzuwarten. Nötigenfalls kann der

Lehrer ihn vormachen. Gemeinsam kann überlegt werden, warum es nun klappt. Zunächst wird die Beobachtung geklärt, daß sich das Schubfach beim Aufprall etwas in die Hülle hineinschiebt. Unter Einbeziehung der Energieverluste durch Reibung werden dann die energetischen Vorgänge besprochen.

Unter dem Motte „Physik macht Spaß" wäre es angebracht, wenn die Schüler im Wettbewerb ermitteln, wer die meisten„Treffer" erreicht, „Frisieren" der Streichholzschachtel nicht ausgeschlossen! Man staunt, auf welche Ideen die Schüler kommen.

Beispiele:
- Streichholzköpfe beim Öffnen in der Schachtel lassen,
- Streichholzköpfe so umschichten, daß die Köpfe z. T. entgegengesetzt liegen,
- Schachtel auf harte bzw. weiche Platte aufschlagen lassen,
- Vermehren oder Vermindern der Zahl der Streichhölzer,
- eine Münze mit einlegen.

Pekka kam z. B. auf die Idee, einen kleinen Magneten in die Schachtel zu legen und sie auf eine Eisenplatte auftreffen zu lassen. Begründung: „Der Lehrer mogelt auch bei Versuchen".

Weiterführende Zusammenhänge
- Stoßdämpfer im Fahrzeugbau
- Energieerhaltungssatz,
- Energiebilanz in Natur und Technik.

3.1.27 Ein Tischtennisball als Hochsprungmeister

Geräte und Materialien
1. Ein Superball aus Vollplastik (etwa 5 cm Durchmesser)
2. ein Tischtennisball,
3. etwas Klebewachs oder Kaugummi.

Beschreibung und Durchführung
Der Tischtennisball wird mit Wachs an den Superball leicht angeklebt, damit er nicht herabfällt. Aus etwa 1,5 m Höhe läßt man die aufgetürmten Bälle auf den Fußboden fallen. Je härter der Boden, desto wirkungsvoller der Effekt.

Ergebnis
Beim Aufprall auf den Fußboden wird der Tischtennisball mit großer Geschwindigkeit weit über die Fallhöhe hochgeschleudert, während der Superball liegenbleibt.

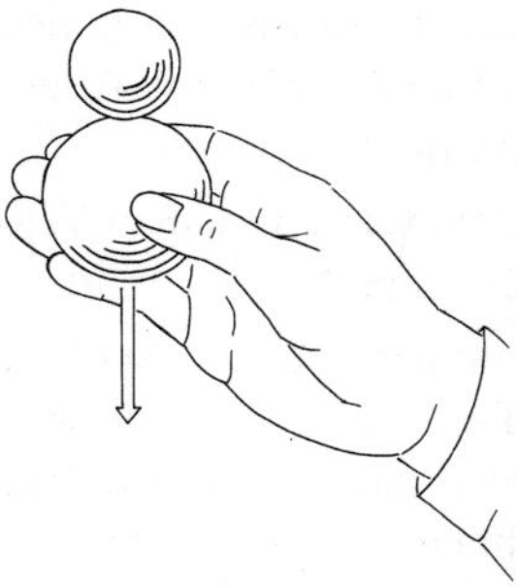

Abb. 1.27

Erklärung

Bei dem Vorgang finden Energieumwandlungen statt. Da es sich dabei um ein abgeschlossenes System handelt, dem von außen keine Energie zugeführt wird und von dem auch kaum Energie abgegeben wird, bleibt die Summe der Energie ziemlich konstant:

- *Anheben der Bälle* (Hubarbeit): potentielle Energie, gespeichert,
- *Herabfallen der Bälle* (mit gleicher Geschwindigkeit): Abnahme der potentiellen Energie - Zunahme der kinetischen Energie,
- *Aufprall der Bälle:* potentielle Energie null, Umwandlung der kinetischen Energie in elastische Energie
- *Hochspringen der Bälle:* Umwandlung der elastischen Energie in kinetische Energie.

Da die Masse des Superballes sehr viel größer ist als die des Tischtennisballes, überträgt dieser seine Bewegungsenergie fast vollständig auf den Tischtennisball, der mit entsprechend sehr viel höherer Geschwindigkeit abgestoßen wird.

Möglicher Konflikt

Beim Spielen mit Bällen können die Schüler ständig beobachten, daß ein Ball nicht höher als die Fallhöhe zurückspringt (vorausgesetzt, es wirken nicht zusätzlich Muskelkräfte darauf ein). Selbst ein Superball erreicht nicht mehr als 90%, ein Tischtennisball gar nur 50% der Fallhöhe. Die Schüler geraten deshalb in einen Konflikt zwischen bisherigen Beobachtungen und dieser neuen (Gruppe A). Auch mit der Kenntnis vom „Satz von der Erhaltung der Energie" kommen sie von sich aus wohl kaum weiter (Gruppe B).

Einsatz im Unterricht

Am deutlichsten tritt der Energiebedarf in Erscheinung, wenn an Beispielen Energieumwandlungen herausgestellt werden (z. B. Trampolinspringen, Gewichtheben, Stabhochsprung). Dabei geraten einerseits unterschiedliche Energiearten, andererseits auch die nicht-stoffliche Eigenschaft der Energie in das Blickfeld. Der Satz von der „Erhaltung der Energie" ist leicht ableitbar. Allerdings erfolgt das im Unterricht zumeist verbal im Unterrichtsgespräch.

Hier nun kann der Versuch mit dem „Doppelball" zu einer interessanten Vertiefung und Festigung des gelernten Zusammenhanges führen.

Zunächst wird mit jedem Ball einzeln ein Versuch vorgeführt. Die Schüler stellen fest, daß der Superball höher springt als der Tischtennisball, daß aber keiner höher gelangt, als die Fallhöhe mißt. Sie werden die unterschiedliche Elastizität der Bälle für die unterschiedliche Sprunghöhe verantwortlich machen.

Nun kann der Versuch mit dem „Doppelball" folgen. Der Überraschungseffekt ist dann besonders groß. Daß der Superball beim Aufprall seine Spannenergie abgegeben hat, geht schon daraus hervor, daß er nicht zurückspringt.

Weiterführende Zusammenhänge
- Unmöglichkeit des „Perpetuum mobile",
- Wirkungsgrad als Verhältnis zwischen ausgenutzter und hineingesteckter Energie,
- Energiebilanzen in Wirtschaft und Technik.

3.1.28 Kräfteverstärkung durch Seiltrick

Geräte und Materialien
1. Zwei Besenstiele,
2. ein dickes Seil, ca. 3 m lang (z. B. Wäscheleine).

Abb. 1.28/1

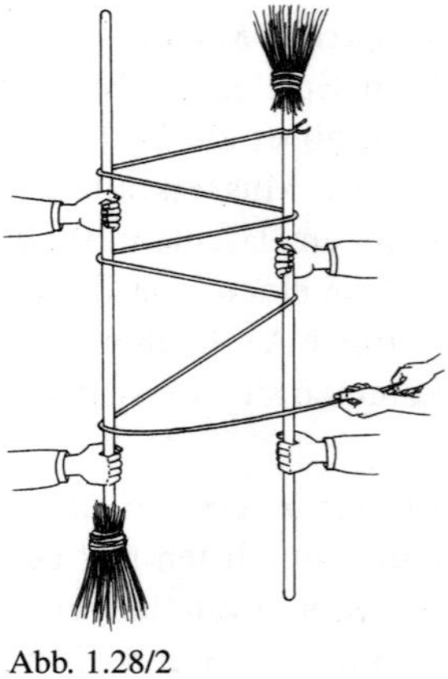
Abb. 1.28/2

Beschreibung und Durchführung

Versuch 1

Zwei Schüler halten je einen Besenstiel im Abstand von ca. 30 cm, parallel zueinander. Ein dritter Schüler versucht, die Besenstiele zusammenzudrücken.

Versuch 2

Ein Seilende wird an einem Besenstiel fest verknotet und dann so um die beiden Stiele geschlungen, wie die Abbildung es zeigt. Während der dritte Schüler am freien Seilende zieht, versuchen die anderen beiden, die Besenstiele auf Abstand zu halten.

Ergebnis

Im ersten Versuch reicht die Kraft des dritten Schülers nicht aus, die Besenstiele zusammenzubringen.

Im zweiten Versuch gelingt dies mühelos, wie kräftig die anderen beiden Schüler sich dem auch entgegenstemmen.

Erklärung

Die Methode, mit Hilfe eines Seiles eine Kraftwirkung zu „erhöhen", wird auch beim Flaschenzug ausgenutzt, indem lose und feste Rollen über ein Seil miteinander kombiniert werden. Die übersichtliche Anordnung einer solchen Kombination zeigt die Abb. Da sich die Last auf vier Seilstücke verteilt, herrscht Gleichgewicht, wenn die Zugkraft (F_2) dem vierten Teil der Gewichtskraft (F_1) entspricht. Die Ähnlichkeit mit der Seilführung in unserem Versuch liegt auf der Hand. Lediglich die Rollen fallen weg; dafür ist das Seil über die Besenstiele geführt.

Zwar erhöht sich dadurch die Reibung, der Effekt bleibt aber der gleiche.

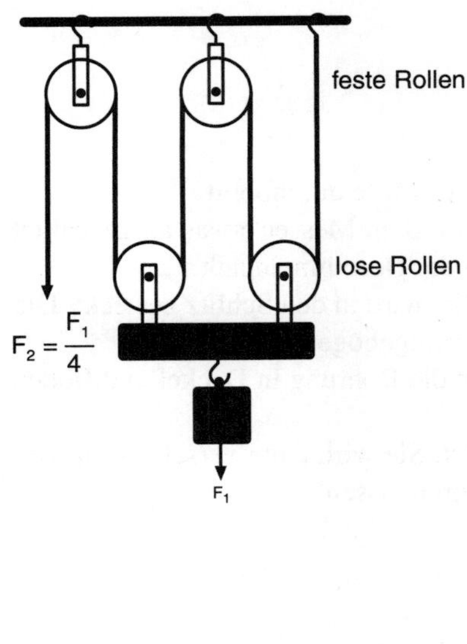

Abb. 1.28/3

Möglicher Konflikt
Im ersten Versuch haben die Schüler festgestellt, daß die Kraft eines Schülers nicht ausreicht, die Besenstiele zusammenzudrücken. Wie im zweiten Versuch das Seil allein einen solchen Kraftzuwachs bringen kann, bleibt ihnen unerklärlich. Da die Rollen fehlen, hilft ihnen auch ihr Wissen um Krafteinsparung durch Rollen nicht weiter. So kommt es zu einem Konflikt zwischen zwei Beobachtungen: Gruppe A.

Einsatz im Unterricht
Die beiden Versuche mit den Besenstielen sollten im Anschluß an die Behandlung von festen und losen Rollen durchgeführt werden. Sie erhalten dadurch eine Doppelfunktion: Einerseits dienen sie der Wiederholung und Vertiefung der erworbenen Kenntnisse über Krafteinsparung durch Rollen, andererseits wird die Einführung des Flaschenzuges vorbereitet.

Weitere Zusammenhänge
- Kraftsparende Vorrichtungen ohne Rollen befinden sich z. B. an Schnürschuhen, Zeltverschnürungen und handgefertigten Kleidernähten.

3.1.29 Eine Dose, die auf Kommando hört

Geräte und Materialien
1. Eine Filmdose mit festsitzendem Deckel,
2. ein Faden, etwa 80 cm lang,
3. ein Streifen halbsteifer Pappe, so breit, wie die Dose hoch ist,
4. ein Drahtstück, z. B. große Büroklammer,
5. Bohrer, spitzes Messer, Zange.

Beschreibung und Durchführung
Umbau der Dose:

- Deckel und Boden der Dose werden in der Mitte durchbohrt.
- Der Pappstreifen wird in halber Breite mit dem Messer etwas aufgeschlitzt und dann so zusammengerollt, daß er in die Dose hineinpaßt.
- Aus dem Draht wird eine Öse gebogen. Sie wird in den Schlitz gesteckt. Die Drahtenden werden um die Papprolle herumgebogen.
- Der Faden wird durch die Öse und durch die Bohrung in Deckel und Boden der Dose geführt.
- Die Papprolle wird in die Dose eingesetzt. Sie wird dann verschlossen. Der Faden soll sich leicht durch die Dose führen lassen.

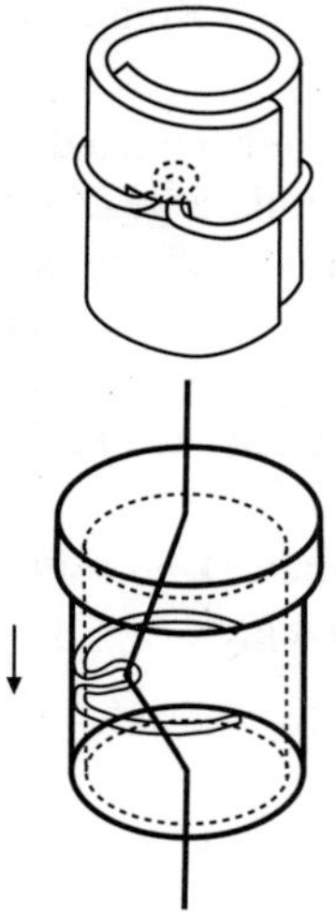

Abb. 1.29

Durchführung des Versuchs
Der Faden mit der Dose wird senkrecht zwischen beiden Händen gehalten. Je nach Kommando „Stopp" oder „Los" wird der Faden gestrafft oder gelockert.

Beobachtung
Sitzt der Faden locker, so gleitet die Dose abwärts, wird er gestrafft, bleibt sie stehen. Wenn die Dose unten ist, kann man den Faden einfach umdrehen, und das Spiel kann neu beginnen.

Erklärung
Die Schwerkraft, die auf die Dose einwirkt, ist immer gleich groß. Hingegen verändert sich die auf den Gleitvorgang einwirkende Reibung. Wenn der Faden gespannt wird, drückt er gegen die Löcherränder und die Öse, es herrscht Haftreibung. Lockert man den Faden, tritt Gleitreibung ein.

Möglicher Konflikt
Da die Öse unsichtbar bleibt, gehen die Schüler davon aus, daß die Dose ungehindert am Faden entlanggleiten kann. Selbst wenn sie wissen, daß die Reibung als Gegenkraft auftritt, finden sie keine Erklärung dafür, daß die Dose auf Kommando plötzlich anhalten kann. Gruppe B.

Einsatz im Unterricht
Nachdem die Schüler gelernt haben, zwischen Haft- und Gleitreibung zu unterscheiden, sollen sie dieses Wissen auf den Dosenversuch anwenden.

Der Lehrer erklärt, daß es sich um eine Zauberdose handelt, die auf Kommando hört.

Dann läßt er die Dose zunächst von oben nach unten gleiten. Die Kommandos „stop and go" können dann sowohl von ihm als auch von Schülern gegeben werden. Auch wenn der Lehrer sich bemüht, die Lockerung und Straffung des Fadens nicht zu zeigen, werden findige Schüler bald dahinterkommen. Nun kann die „Suche" nach der inneren Beschaffenheit der Dose beginnen. Inwieweit die Schüler bei den Erklärungsbemühungen die Begriffe Gleit- und Haftreibung verwenden, bleibt allerdings abzuwarten.

Erst nach des Rätsels Lösung ist ein Blick in die Dose gestattet. Dann sollte das Ergebnis im Tafelbild festgehalten werden (Schnittzeichnung).

Weiterführende Zusammenhänge
- Verminderte Reibung durch Rollen,
- Luftwiderstand als Reibung.

3.1.30 Ein Besen, der den Schwerpunkt selbst sucht

Geräte und Materialien
Ein Besen mit langem Stiel.

Beschreibung und Durchführung
Die Hände werden hochkant – den Daumen nach oben gestreckt – etwa einen Meter auseinander gehalten. Der Besenstiel wird nun zwischen den Daumen und den Zeigefinger jeder Hand gelegt. Die Hände werden langsam aufeinander zugeführt, bis sie sich getroffen haben.

Ergebnis
Die Hände gleiten abwechselnd einmal links, dann wieder rechts usw. am Besenstiel entlang, bis sie sich im Schwerpunkt des Besens treffen.

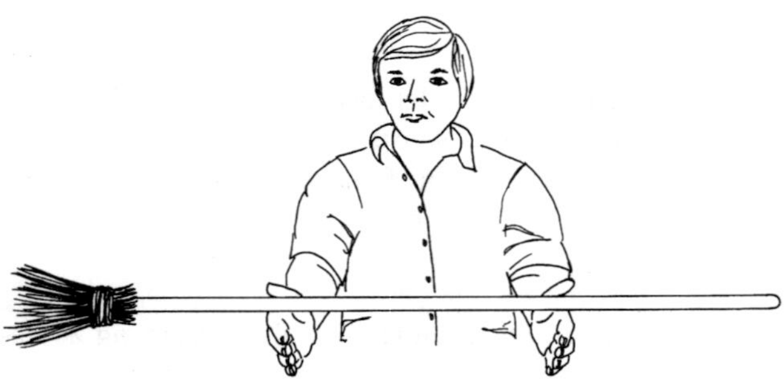

Abb. 1.30

Erklärung

Durch den Versuch tritt der Unterschied zwischen Haft- und Gleitreibung deutlich in Erscheinung. Auf der Seite, wo jeweils ein Übergewicht herrscht, lastet eine größere Auflagekraft auf der Hand. Hier ist deshalb auch die Haftreibung größer als auf der anderen Seite, so daß dort ein Übergang in Gleitreibung möglich wird. Die Hand gleitet somit am Besenstiel entlang, bis wieder Gleichgewicht hergestellt ist. Nun beginnt die Hand auf der anderen Seite zu gleiten, da sich die Verhältnisse zwischen gleitender und haftender Reibung umkehren. Das geschieht in immer kürzeren Abständen, bis sich die Hände genau unter dem Schwerpunkt des Besens treffen.

Möglicher Konflikt

Vorausgesetzt, die Schüler wissen, daß ein unter dem Schwerpunkt unterstützter Körper nicht umkippt, sich also im Gleichgewicht befindet, gibt ihnen der Versuch doch Rätsel auf. Wie kommt es, daß die am Stiel entlanggleitenden Hände sich ausgerechnet stets unter dem Schwerpunkt treffen? Welche Rolle Haft- und Gleitreibung im Zusammenwirken dabei spielen, werden sie kaum durchschauen. So kommt es zu einem Konflikt zwischen Wissen und der neuen Beobachtung. Gruppe C.

Einsatz im Unterricht

Nachdem im Unterricht zwischen Haft- und Gleitreibung unterschieden worden ist, kann der Versuch zu einem Überdenken des Zusammenhanges mit dem Auflagedruck führen.

Zunächst sollte der Schwerpunkt des Besenstiels durch Probieren gesucht werden. Ein Schüler hält beide Hände mit gestrecktem Daumen vor dem Körper zusammen. Ein anderer sucht den Schwerpunkt durch vorsichtiges Verschieben des Besenstiels. Es gehört Feingefühl dazu, bis er gefunden ist.

Nun behauptet der Lehrer, man solle doch mehr Vertrauen in den Besenstiel haben, der wisse selbst, wo sein Schwerpunkt zu finden sei.

Der Versuch wird dann in der eingangs beschriebenen Weise von einem Schüler unter Anleitung durch den Lehrer ausgeführt. Der Überraschungseffekt kann noch gesteigert werden, wenn ein anderer Schüler ihn mit geschlossenen Augen wiederholt. Zusätzlich soll er beschreiben, wie sich beim Zusammenführen der Hände der Auflagedruck abwechselnd ändert. Dabei kann beobachtet werden, wie der Besen immer auf der Seite gleitet, auf der gerade der geringere Auflagendruck herrscht. Die Erklärung der Schwerpunktfindung durch Zusammenwirken von Schwerkraft und Reibung dürfte so keine große Schwierigkeit bereiten.

Weiterführende Zusammenhänge

- Zwischen Geigenbogen und Saite spielt sich beim Spielen ein ähnlicher Vorgang ab, nur wesentlich schneller. Bei Haftreibung wird die Saite vom Bogen mitgenommen. Sie schnellt zurück, wenn die Spannung zu groß wird. Dann wirkt nur noch die Gleitreibung, die die Saite mehr und mehr abbremst, bis der Vorgang von neuem beginnt. In der Sekunde geschieht es ein paar hundert Mal, je öfter, desto höher der Ton.
- Auch knarrende Fußböden, quietschende Stühle, Geräusche von blockierenden Rädern finden so ihre Erklärung.

3.1.31 Zerreißprobe mit Kraftverteilung

Geräte und Materialien

Einen Wollfaden für jeden Schüler, etwa 50 cm lang.

Beschreibung und Durchführung

Jeder Schüler erhält einen Wollfaden zum Zerreißen, Nach Anweisung durch den Lehrer legt er ihn so um die linke Hand, wie die Abbildung es zeigt. Auf Kommando ziehen die Schüler dann gleichzeitig ruckartig mit der rechten Hand am Fadenende A.

Ergebnis

Der Faden läßt sich erstaunlich leicht zerreißen. Er reißt bei allen Schülern über der Fadenschlinge B ab.

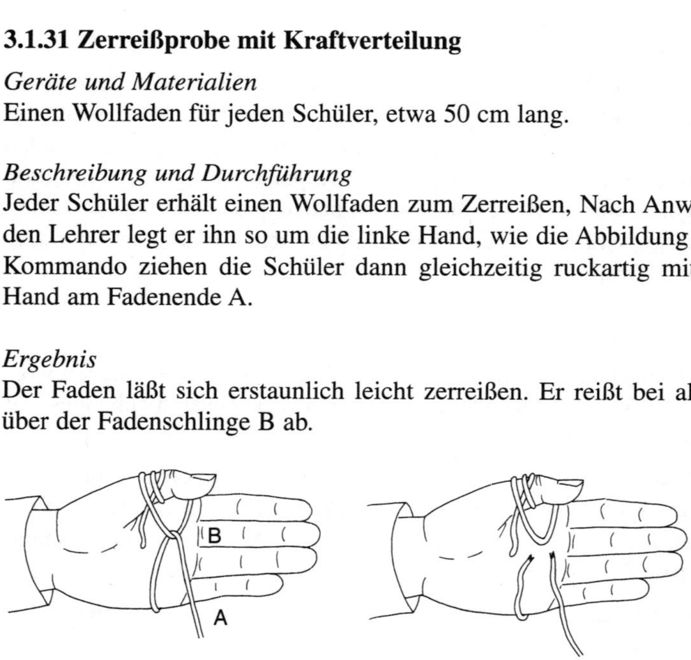

Abb. 1.31/1

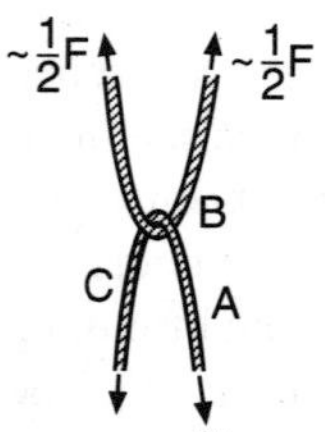

Abb. 1.31/2

Erklärung
Durch das ruckartige Ziehen ist die Reibung bei B besonders groß, so daß nur ein verschwindend geringer Teil der Zugkraft auf das Seilstück C übertragen wird. Die Gegenkraft zur Zugkraft wirkt deshalb zum weitaus größten Teil auf die Seilschlinge bei B. Dort verteilt sie sich etwa je zur Hälfte auf die beiden Seilstücke dieser Schlinge, die über Handrücken und Daumen festsitzen. Das Seilstück A ist somit am stärksten belastet und zerreißt an der Reibungsstelle B.

Möglicher Konflikt
Entsprechend ihren bisherigen Erfahrungen gehen die Schüler davon aus, daß ein Faden dort reißt, wo er am dünnsten ist. Daß diese dünnste Stelle in allen Fällen bei B sein sollte, ist unwahrscheinlich. So geraten sie in einen Konflikt zwischen den bisherigen Beobachtungen und dieser neuen. Gruppe A.

2. Einsatz im Unterricht
Die Schüler haben die Aufteilung von Kräften an Rollen kennengelernt. Dieses Wissen soll nun beim Zerreißversuch zur Erklärung herangezogen werden, und zwar in Verbindung mit dem, was die Schüler bereits über Reibung wissen.

Obwohl sie erkennen, daß sich die Zugkraft am Wollfaden in drei Richtungen aufteilt, fällt ihnen die Deutung des Zerreißvorganges zumeist recht schwer. Deshalb sollte der Vorgang beim Zerreißen mit zwei Gummiringen (Paketgummi) demonstriert werden (Die Schüler können den Versuch selbst erproben): Die Gummiringe werden um die Finger der linken Hand gelegt, wie die Abbildung es zeigt: ein Gummiring über Daumen und Zeigefinger, der andere über den kleinen Finger und über den anderen Gummiring hinweg, so daß sein freies Ende nach unten hängt. So ist die „Seilführung" der des Wollfadens im Versuch ähnlich. Zieht man am freien Ende A, so läßt sich aus der Dehnungs-

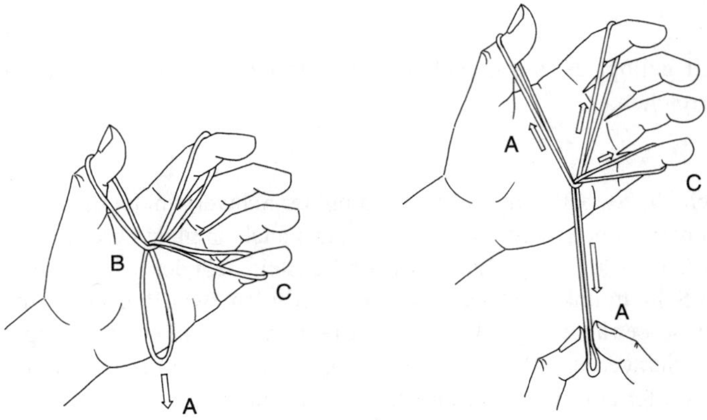

Abb. 1.31/3

länge der Gummibänder auf die Kraftwirkung an den Seilstücken schließen. Die Auswirkung der Reibung bei B ist hier besonders deutlich, da am Gummi sehr bald Haftreibung eintritt, so daß die Ausdehnung bei C gering bleibt.

Weiterführende Zusammenhänge

- Kraftverteilung an der losen Rolle eines Kranes. Das um die Rolle führende Seil braucht nur halb so stark zu sein wie das an der Rolle hängende Seil.

Abb. 1.31/4

- Kräfte wirken in verschiedene Richtungen (Parallelogramm der Kräfte).

3.1.32 Hochstapler auf Weitenkurs

Geräte und Materialien

Ein Stapel Bieruntersetzer (Bierfilze)

Beschreibung und Durchführung

Aus den Bieruntersetzern soll an der Tischkante ein „schiefer Turm" gebaut werden. Die Frage ist, ob der Überhang über den vollen Durchmesser eines Bierfilzes hinauswachsen kann. Abbildung 1 zeigt, wie die Bieruntersetzer zu verschieben sind.

Ergebnis

Mit Leichtigkeit gelingt es, sogar mehr als den doppelten Durchmesser als Überhang zu erreichen.

Erklärung

Es empfiehlt sich, die Stapelei unter Einbeziehung der Schwerpunktverlagerung von oben nach unten zu betrachten. Man denke dabei auch an gleich große Bauklötze, Dominosteine o. ä. (Abb.). Beim obersten Baustein liegt der Schwerpunkt in der Mitte, im Schnittpunkt der Diagonalen (S_1). Werden zwei Bausteine aufeinander gesetzt, so beträgt der größtmögliche Überhang die halbe Seitenlänge. Der gemeinsame Schwerpunkt für die beiden Klötze rückt dabei um ein Viertel der Seitenlänge weiter auf die Berührungsfläche der beiden Steine (S_2).

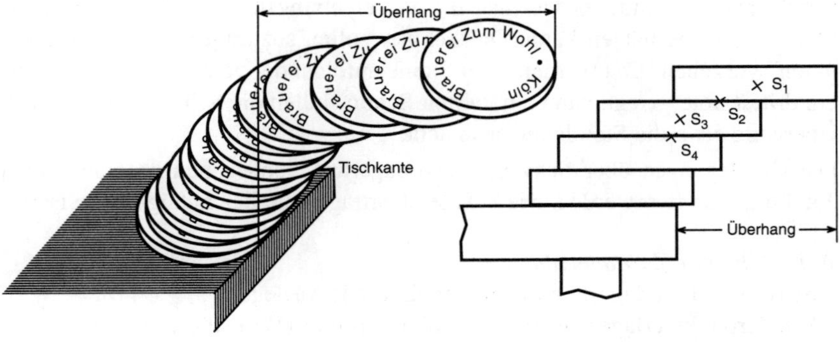

Abb. 1.32: Ein Stapel Bieruntersetzer (Bierfilze)

Bei drei aufeinander gestapelten Steinen rückt der Schwerpunkt um 1/6 weiter (S_3), bei vier Bausteinen 1/8 weiter (S_4) usw. Wenn man also der Reihe nach die Kehrwerte der geraden Zahlen zusammenzählt, bekommt man die Überhangweiten für jeweils einen Stein mehr. Bereits bei vier größtmöglich aufeinander verschobenen Steinen ist die volle Länge des Steines als Überhang erreicht, bei elf Steinen das Eineinhalbfache, bei 31 das Doppelte. Die Rechnung ließe sich beliebig fortsetzen. Es handelt sich aber um eine rein mathematische Überlegung. Durch Physik und Technik sind jedoch Grenzen gesetzt.

Möglicher Konflikt

Auch wenn die Schüler mit Kippversuchen vertraut sind, überrascht es sie, wie weit die Bieruntersetzer gegeneinander verschoben werden können. So geraten sie in Zweifel, ob ihre Theorie über Standfestigkeit zur Erklärung ausreicht. So kommt es zu einem Konflikt der Gruppe B.

Einsatz im Unterricht

Im Anschluß an Kippversuche sollen die Schüler durch die Demonstration mit den Untersetzern angeregt werden, über den Zusammenhang zwischen Massenverlagerung und Schwerpunktbildung nachzudenken.

Zur Wiederholung wird der Stapel mit den aufeinanderliegenden Untersetzern über die Kippkante bis zum Umkippen verschoben. Der entstehende Überhang wird betrachtet und führt zu der Frage, ob man ihn über den Durchmesser der Untersetzer hinausführen kann. Staunend beobachten die Schüler, wie weit man es durch Verschiebung der Einzelteile treiben kann.

Wie viele gleiche Einzelteile sind unbedingt nötig, um die einfache Länge als Überhang zu erreichen? Das können die Schüler nun im Schülerversuch ausprobieren. Gut geeignet sind dazu Dominosteine, die in der Mitte durch einen

Strich markiert sind, so daß man die Verschiebungslänge auf den einzelnen Steinen gut abschätzen kann. Die Schüler sollen sozusagen „von oben nach unten" vorgehen: Erst werden zwei Steine aufeinander verschoben, dann wird ein dritter untergelegt, dann ein vierter. Schon stellen die Schüler fest, daß der Überhang etwa die Steinlänge ausmacht.

Die Überlegungen über Schwerpunktverlagerung können nun an Hand eines Tafelbildes erörtert werden. Die Schüler übertragen die Zeichnung in ihre Hefte.

Weiterführende Zusammenhänge
- Schwerpunktverlagerung bei einem Kran mit Ausleger,
- Schwerpunktverlagerung beim Stabhochsprung (Wird die Latte überquert, liegt der Schwerpunkt außerhalb des Körpers.),
- stabiles, labiles und indifferentes Gleichgewicht.

3.1.33 Ein Pfirsich dreht durch (Kullerpfirsich)

Geräte und Materialien
1. Ein Pfirsich,
2. ein Glas, in das der Pfirsich gut hineinpaßt,
3. Mineralwasser.

Beschreibung und Durchführung
Der Pfirsich wird in das Glas mit Mineralwasser gelegt.

Ergebnis
Der Pfirsich schwimmt und dreht sich längere Zeit wie ein Rad.

Abb. 1.33/1

Erklärung
Wenn das Mineralwasser in das Glas gegossen wird, entweicht Kohlendioxid in Form kleiner Gasbläschen (In der Flasche war es unter Druck in der Flüssigkeit gelöst.). Die Gasbläschen können sich an der samtartigen Pfirsichhaut zwischen den Härchen gut festsetzen. Sie erhöhen damit das Gesamtvolumen Pfirsich + Gasbläschen und vergrößern dadurch den Auftrieb. Da sich die Gasbläschen aber nicht gleichmäßig über die Oberfläche verteilen, ist der Auftrieb auf der einen Seite des Pfirsichs größer als auf der anderen, so daß er sich auf dieser Seite nach oben zu drehen beginnt. Auf dem Weg nach oben dehnen sich die Bläschen mehr und mehr aus, da der hydrostatische Druck in der Flüssigkeit nach oben abnimmt. So verstärkt sich der Auftrieb auf dieser Seite, und der Pfirsich dreht schneller. Zwar zerplatzen die Bläschen an der Luft, inzwischen haben sich aber neue festgesetzt, so daß das Übergewicht des Auftriebs auf dieser Seite erhalten bleibt. Erst wenn das Kohlendioxid aus der Flüssigkeit verschwunden ist, hört die Drehbewegung auf.

Möglicher Konflikt
Auch wenn die Schüler wissen, daß ein Pfirsich schwimmt, weil seine Dichte geringer ist als die des Wassers, können sie sich die Drehbewegung nicht erklären. Sie vermuten zwar, daß die Gasbläschen dabei eine Rolle spielen, den funktionalen Zusammenhang durchschauen sie aber nicht. Sie zweifeln oft, ob der Auftrieb überhaupt damit in Beziehung steht.

So kommt es zu einem Konflikt zwischen ihrer heimlichen Theorie vom Schwimmen und der neuen Beobachtung. Gruppe B.

Einsatz im Unterricht
Der Versuch mit dem Kullerpfirsich setzt voraus, daß die Schüler den Zusammenhang zwischen Auftrieb und Schwimmfähigkeit von Körpern bereits ken-

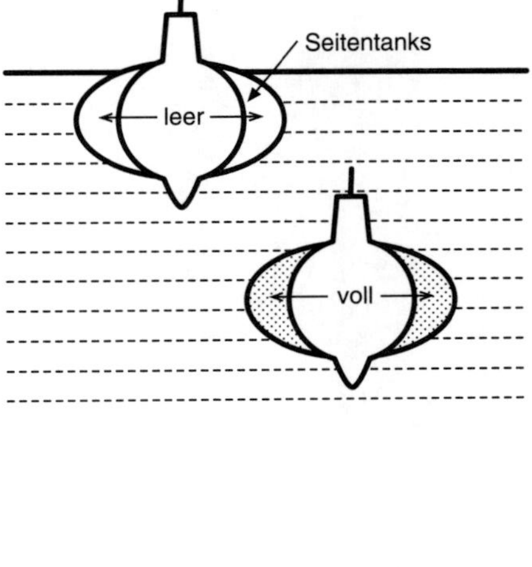

Abb. 1.33/2

nen. Indem im Unterricht deutlich wird, wie die Bläschenbildung mit den Auftriebsveränderungen in Zusammenhang zu bringen ist, kommt es zur Vertiefung und Festigung des Gelernten.

Um genaues Beobachten und Beschreiben der Vorgänge zu ermöglichen, sollte der Versuch möglichst in Gruppen durchgeführt werden. Die Auswertung kann dann schrittweise am Tafelbild erfolgen, das anschließend in die Hefte übernommen wird.

Analog zu diesen Überlegungen kann über die Unterwasserfahrt und das Auftauchen eines U-Bootes nachgedacht werden. Dabei kann auch besprochen werden, wie es sich auswirkt, wenn die Seitentanks einseitig geleert oder geflutet werden.

Weiterführende Zusammenhänge
- Beim Baden „Toter Mann" spielen (Einatmen, Arme im Wasser lassen, damit der Auftrieb groß bleibt!),
- Auftrieb im Salzwasser,
- Lademarken an Schiffen, die in Süß- und Salzwasser fahren,
- das Archimedische Prinzip,
- Aräometer.

3.1.34 Wasser verwandelt in Wein? – Das kann doch nicht sein!

Geräte und Materialien
1. Zwei Rundkolben (C und D) und dazu passend je ein Gummistopfen mit zwei Bohrungen,
2. zwei gleiche Bechergläser (A und B),
3. U-Rohr (E),

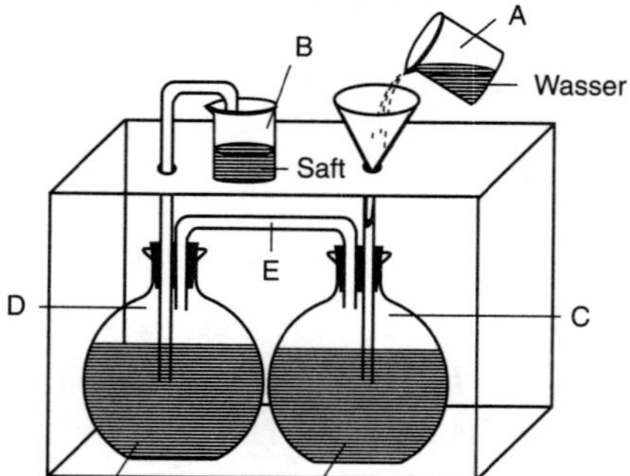

Abb. 1.34

4. gebogenes Steigrohr,
5. Glastrichter,
6. Pappkarton, nach einer Seite offen,
7. Fruchtsaft (z. B. Kirschsaft) - Wasser.

Beschreibung und Durchführung
Vorbereitung durch den Lehrer: Der „Zauberkasten" wird vor dem Unterricht zusammengebaut. Falls ein entsprechend langer Trichter nicht zur Verfügung steht, kann die Verlängerung mit einem Schlauch hergestellt werden. Das gilt auch für das Steigrohr. Die Gummistopfen mit den Rohren müssen die Kochflaschen dicht verschließen. Die Flüssigkeiten werden vor dem Unterricht in die Kochflaschen gefüllt.

Einsatz im Unterricht
Der „Zauberkasten" ist so aufgestellt, daß die Schüler nicht hineinsehen können. Nun wird das Wasser aus Glas A in den Trichter gegossen.

Ergebnis
Aus dem gebogenen Steigrohr fließt anstelle von Wasser fast die gleiche Menge Fruchtsaft in das Glas B.

Erklärung
Das Wasser aus dem Becherglas A läßt den Wasserstand in Flasche C ansteigen, so daß dort Luft verdrängt wird. Sie gelangt in Flasche D und drückt dort auf die Oberfläche des Fruchtsaftes. Dadurch wird der Saft im Steigrohr hochgedrückt und fließt in das Becherglas B.

Möglicher Konflikt
Da den Schülern der Einblick in den Kasten verwehrt ist, vermuten sie, daß eine direkte Zuleitung zum Steigrohr besteht. Sie können sich die Umwandlung in eine andere Flüssigkeit damit aber nicht erklären. Konflikt der Gruppe B.

Einsatz im Unterricht
Die Durchführung des Versuchs kann unter Mithilfe eines Schülers erfolgen, der Wasser aus der Leitung holt und es in den Trichter gießt. Er kann auch die ausfließende Flüssigkeit probieren.

Der verblüffende Ausgang des Versuchs regt die Schüler zu allerlei Vermutungen an, die sie in Form von „Konstruktionsskizzen" zu Papier bringen können, besser noch auf einer durchsichtigen Folie für den Overheadprojektor. Erst nach Auswertung dieser Pläne wird der Einblick in den Kasten gewährt.

In Ausweitung des klärenden Unterrichtsgesprächs können einige allgemeine Betrachtungen über Mechanik folgen:

- Der beschriebene Apparat ist eine der vielen Erfindungen des Griechen Heron aus dem 1. Jahrhundert n. Chr. (Mechanik als sehr alte Wissenschaft),
- das griechische Wort „Mechanik" bedeutet „eine List ersinnen",
- heute noch sind Mechaniker Leute, die Apparate und Maschinen herstellen, überwachen und reparieren.

Weiterführende Zusammenhänge

An weiteren Beispielen des Apparate- und Maschinenbaues (z. B. Windmühlen, Turbinen, Explosionsmotoren) kann herausgestellt werden, daß zu ihrer Funktion stets Kräfte ausgenutzt werden, die Bewegungen hervorrufen.

3.1.35 Das Ei des Kolumbus

Geräte und Materialien

1. Ein hart gekochtes Ei,
2. ein Flaschenkorken,
3. zwei Gabeln von gleichem Gewicht (spitz),
4. eine Flasche.

Beschreibung und Durchführung

Vor dem Unterricht: Zunächst wird das Ei hartgekocht. Dann wird der Korken an einem Ende so ausgehöhlt, daß er sich dem stumpfen Ende des Eies gut anpaßt. Außerdem werden die Stechlöcher für die Gabeln vorbereitet.

Im Unterricht: Zunächst versucht der Lehrer, das Ei frei auf der Spitze zu balancieren. Dann steckt er die Gabeln in den Korken, bringt beides auf das Ei und setzt die Eispitze auf den Flaschenrand.

Abb. 1.35

Ergebnis

Frei auf die Spitze gestellt, kippt das Ei natürlich ständig um. Etwas Fingerspitzengefühl gehört dazu, bis es mit Hilfe der eingesteckten Gabeln senkrecht auf dem Flaschenrand stehen bleibt.

Erklärung

Das frei aufgestellte Ei befindet sich im labilen Zustand, da der Schwerpunkt oberhalb des Unterstützungspunktes liegt. Jede kleine Störung im Gleichgewicht führt zu einem Drehmoment, das das Ei kippen läßt.

Durch die Gabeln erfolgt eine Schwerpunktverlagerung des Systems unterhalb des Unterstützungspunktes, so daß ein stabiles Gleichgewicht hergestellt wird.

Möglicher Konflikt

Das Verfahren mit den Gabeln ist den Schülern zumeist nicht bekannt. Sie finden auch kaum eine Erklärung für diesen Balanceakt, da sie die Auswirkung der Schwerpunktverlagerung für das Gleichgewicht noch nicht kennen. Daher geraten sie in einen Konflikt zwischen den beiden Beobachtungen. Gruppe A.

Einsatz im Unterricht

Der Versuch soll zur Unterscheidung zwischen stabilem, labilem und schließlich auch indifferentem Gleichgewicht hinführen.

Einleitend kann der Lehrer die Anekdote erzählen, wie bei einem Gastmahl des Kardinals Mendosa die Gäste bemüht waren, ein gekochtes Ei auf seiner Spitze zu balancieren, und wie Kolumbus es schließlich fertig gebracht hat, indem er das Ei mit eingedrückter Spitze auf den Tisch stellte. Der Lehrer demonstriert dann seine Lösung mit dem Balanceakt auf die Flaschenöffnung, bei der das Ei unbeschädigt bleibt.

Nachdem erkannt ist, daß es bei den Gleichgewichtsarten auf die Schwerpunktlage zum Unterstützungspunkt ankommt, können die Schüler zu Hause Gleichgewichtskunststücke vorbereiten und dann im Unterricht vorführen (evtl. auf Vorlage zur Auswahl).

Weiterführende Zusammenhänge

- Eine Variante zu dem beschriebenen Versuch besteht darin, daß man ein rohes Ei tüchtig schüttelt, so daß sich Eiweiß und Eigelb mischen. Das Gelbe als schwererer Bestandteil sinkt nach unten. Man braucht das Ei dann nur eine Zeitlang stehend festhalten, und es entsteht ein stabiles Gleichgewicht. Das Ei bleibt also stehen.
- Schwerpunkt und Standfestigkeit.

Beispiele:

Stabile Gleichgewichtskunststücke zum Nachmachen

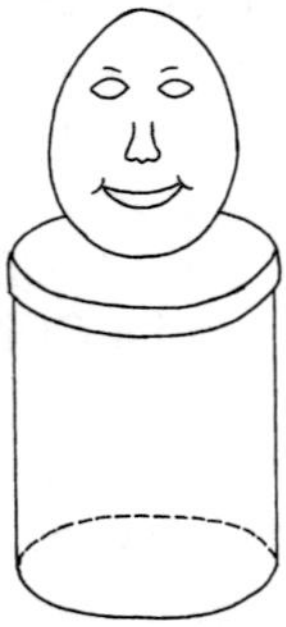

Ein ausgeblasenes Ei unten zukleben und z. T. mit Sand füllen.

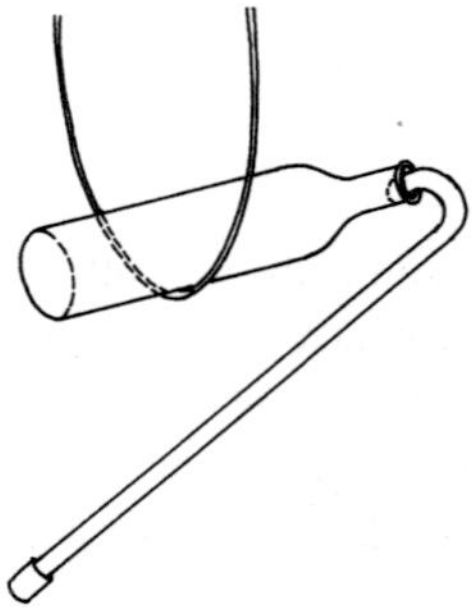

Das Seil vorher etwas mit Kreide aufrauhen.

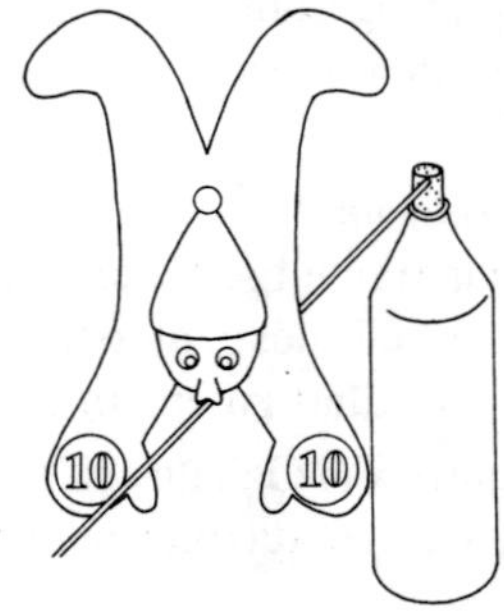

Münzen auf die Handflächen kleben.

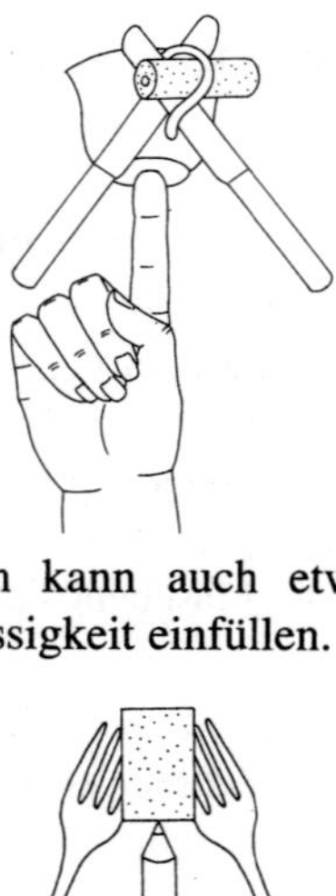

Man kann auch etwas Flüssigkeit einfüllen.

Der Bleistift kann auch pendeln.

Die Gabeln müssen etwas nach innen stehen

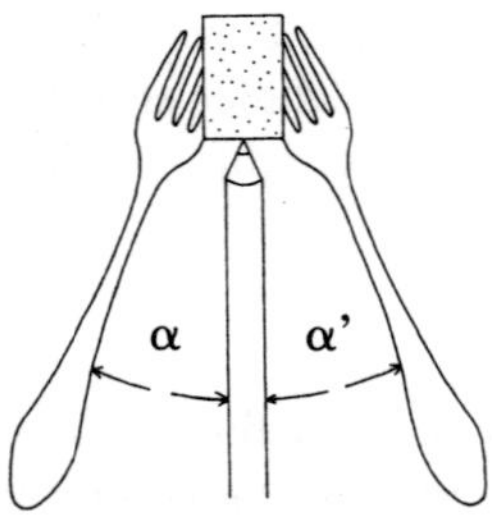

Durch Veränderung von α und α' kann man ein stabiles und ein indifferentes Gleichgewicht herstellen.

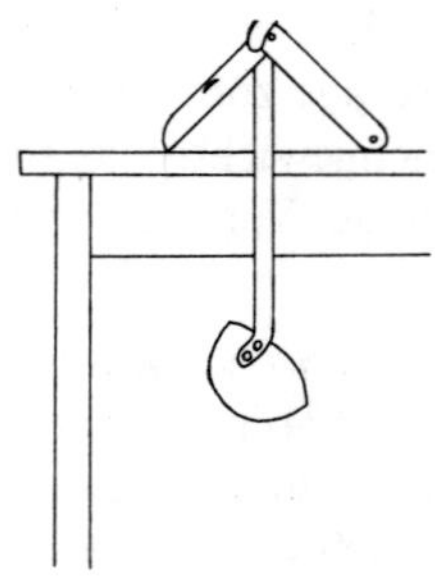

3.2 Spannung mit Elektronen

3.2.1 Die Lampe geht nicht aus

Geräte und Materialien

1. mehrere Kondensatoren mit einer Gesamtkapazität von 20.000 µF / 10 V
2. Lampe (6 V / 50 mA) mit Fassung
3. einstellbare Gleichspannungsquelle (Netzgeräte 0 - 15 V)
4. Schalter

Beschreibung und Durchführung

Die Schaltung wird nach der Skizze (Abb. 2.1) aufgebaut. Man kann den verblüffenden Effekt vergrößern, wenn man die Kondensatoren mit einem Karton verdeckt. Das Netzgerät wird auf eine Gleichspannung von 8 V eingestellt. Die Lampe ist dadurch zwar kurzfristig überlastet, der Effekt wird aber deutlicher.

Ergebnis

Beim Einschalten leuchtet die Lampen sofort hell auf. Öffnet man den Schalter, so erlischt sie nicht sofort. Sie wird langsam dunkler und erst nach etwa 5 s ist sie vollständig erloschen.

Erklärung

Nach dem Einschalten laden sich die Kondensatoren auf, ohne daß die Helligkeit der Lampe merkbar beeinflußt wird. Die Zeitkonstante ist wegen des geringen ohmschen Leitungswiderstandes sehr klein.

Nach dem Öffnen des Schalters entladen sich die Kondensatoren über den Innenwiderstand der Lampe. Die Zeitkonstante, die über $\tau = R \cdot C$ bestimmt wird, ist nun bedeutend größer. R ist der Innenwiderstand der Lampe (< 120 Ohm), C die Gesamtkapazität der Kondensatoren.

Möglicher Konflikt

Die Schüler sind es gewohnt, daß eine Lampe nach dem Ausschalten sofort erlischt. Das langsame Erlöschen wird durch ein für sie unbekanntes Element

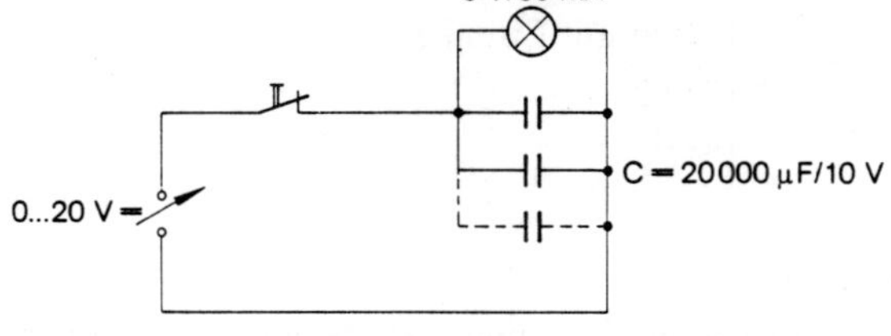

Abb. 2.1: Auch nach Abschalten der Spannungsquelle leuchtet die Lampe weiter

hervorgerufen. Ihr bisheriges Wissen paßt nicht zu der Beobachtung. So kann hinter der Abdeckung weder eine Batterie noch ein Akku stehen, denn beide würden eine konstante Spannung liefern (wenn sie nicht nahezu leer sind). Gruppe C. Falls zu befürchten ist, daß die Schüler ihre Beobachtung sehr schnell mit „irgendeiner elektronischen Schaltung" erklären (ob ausgesprochen oder nicht), sollte man bei der Demonstration auf eine Abdeckung verzichten.

Einsatz im Unterricht
Die Schüler sollten das Bauelement Kondensator sowohl in technischer als auch in physikalischer Hinsicht kennenlernen. Eine charakteristische Eigenschaft ist sein Speichervermögen für elektrische Ladungen. Dies sollte der Versuch zeigen. Wie ein Kondensator aufgebaut ist und wie es zu der Speicherung von Ladungen kommt, sollten die Schüler in arbeitsteiliger Gruppenarbeit selbständig herausfinden.

Wir gaben einigen Gruppen verschiedene ausgediente Kondensatoren (viele Firmen sind gerne bereit), ausgediente Geräte mit Kondensatoren zur Verfügung zu stellen). Diese Gruppen hatten den Auftrag, den Aufbau ihrer Kondensatoren herauszuarbeiten. Andere sollten mit Hilfe von vorgegebenen Reihen- und Parallelschaltungen die Eigenschaften von Kondensatoren finden. Einige Schüler sind auch in der Lage und gerne bereit, Informationen über Kondensatoren aus Büchern zu entnehmen und ihre Ergebnisse in Form eines Referates der Klasse vorzustellen.

Weitere Zusammenhänge
- Zeitrelais
- Schaltuhren
- Zeitverzögerung in der Elektronik
- Kondensator als kurzfristiger Energiespeicher: zur Glättung von pulsierender Gleichspannung, Schutz vor Spannungsspitzen.

3.2.2 Energie aus dem Nichts?

Geräte und Materialien
1. zwei Spulen 600 Wdg. / 2,2 A / 3 Ohm mit Eisenkern
2. Glühlampe (1,5 V / 0,1 A) mit Fassung
3. Schiebewiderstand (150 Ohm / 2,1 A)
4. Schuhkarton

Beschreibung und Durchführung
Die beiden Spulen mit Eisenkern werden in Reihe (gleichsinnig) über einen Vorwiderstand an Netzspannung gelegt und mit einem Schuhkarton auf dem

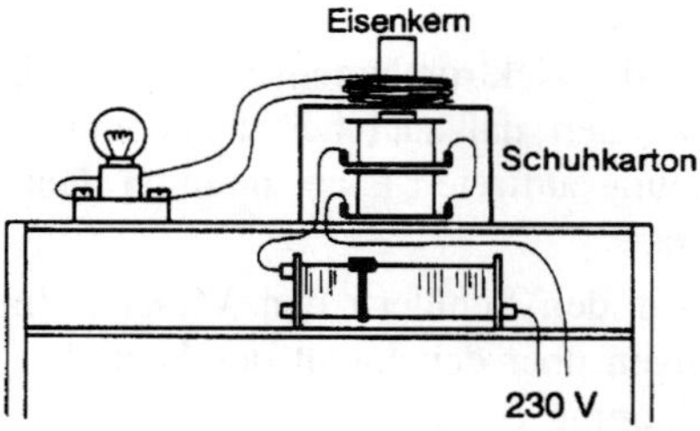

Abb. 2.2: Anordnung der Geräte zur Versuchsdurchführung

Experimentiertisch verdeckt. Mit etwas Geschick lassen sich die Leitungen so führen, daß sie von der Klasse aus nicht zu sehen sind. Am Vorwiderstand wird ein Strom von 2,2 A eingestellt (s. Abb. 2.2).

Mit einem Hinweis auf die Energieknappheit und der Idee, aus der Luft Energie zu gewinnen, wurden scheinbar wahllos einige Meter aufgewickelte Leitungen auf den Karton gelegt. Bei unserem Aufbau reichten 20 Wdg. lose über die Hand gewickelt, um die Lampe zum Leuchten zu bringen. Eventuell müssen die Spulen mit einer Schraubzwinge am Tisch befestigt werden, um ein lautes 50 Hz-Brummen zu verhindern.

Ergebnis
Die Lampe beginnt zu leuchten, sobald die aufgewickelten Leitungen über dem Eisenkern auf dem Karton liegen. Sie leuchtet sehr stark, wenn man einen zusätzlichen Kern zwischen die Windungen auf den Karton stellt.

Erklärung
Die lose auf den Karton gelegten Leitungen bilden die Sekundärwicklung eines Transformators. Natürlich entstehen durch die lose Kopplung der beiden Wicklungen erhebliche Verluste, so daß erst mit Hilfe des zusätzlichen Eisenkerns die Kopplung so groß wird, daß die induzierte Spannung näherungsweise über das Windungsverhältnis abgeschätzt werden kann. Zur Beschreibung dienen das Induktionsgesetz und die Transformatorengleichungen.

Möglicher Konflikt
Wie jeder weiß, ist es unmöglich, eine Lampe ohne Energieversorgung zum Leuchten zu bringen. Die Schüler sehen aber weder eine Batterie noch ein Netzgerät. Es kommt zu einem Konflikt zwischen ihrem bisherigen Wissen und ihrer Beobachtung. Gruppe C. Außerdem haben viele Schüler die falsche Vorstellung, daß der Transport elektrischer Energie in Leitungen gebunden sein muß. Diese heimliche Theorie gerät in Widerspruch zur Beobachtung im Experiment. Gruppe B.

Einsatz im Unterricht

In den vorhergegangenen Stunden wurde die elektromagnetische Induktion behandelt. Dabei wurde zunächst ausgeklammert, daß auch bei ruhendem Leiter und Magnetfeld eine Induktionsspannung auftreten kann, nämlich dann, wenn ein magnetisches Wechselfeld vorliegt.

Unter diesen Voraussetzungen zeigten wir den Schülern den Versuch. Im Unterrichtsgespräch sollten sie Vermutungen über den Inhalt des Schuhkartons anstellen. Nachdem die Verallgemeinerung des Induktionsgesetztes auf die zeitliche Veränderung des Magnetfeldes gelungen war, wurde auf einige Anwendungen hingearbeitet. Besonders berücksichtigt wurde der Transformator.

Weitere Zusammenhänge

- Zündanlage im Auto
- Weidezaungerät
- Sehr hohe Spannung (20 - 25 KV) im Farbfernsehgerät
- Zangenamperemeter
- Induktionsschleifen
- Sehr hohe Ströme beim Schweißen oder in Schmelzöfen
- Störungen im Autoradio unter Hochspannungsleitungen
- Elektriker gebrauchen ein Gerät, welches stromdurchflossene Leitungen in einer Wand anzeigt.

3.2.3 Eine Lampe ist kaputt (Teil A)

Geräte und Materialien

1. drei Glühlampen (220 V / 25 W, 60 W, 100 W) mit Fassungen
2. Vielfachmeßgerät
3. Netzspannung

Beschreibung und Durchführung

Drei Lampen mit dem o. g. Nenndaten werden in Reihe an Netzspannung geschaltet. Um den Schülern die Zuordnung der Nennleistungen zu den Lampen zu erleichtern, sollten die entsprechenden Daten vorher mit Filzstift groß auf

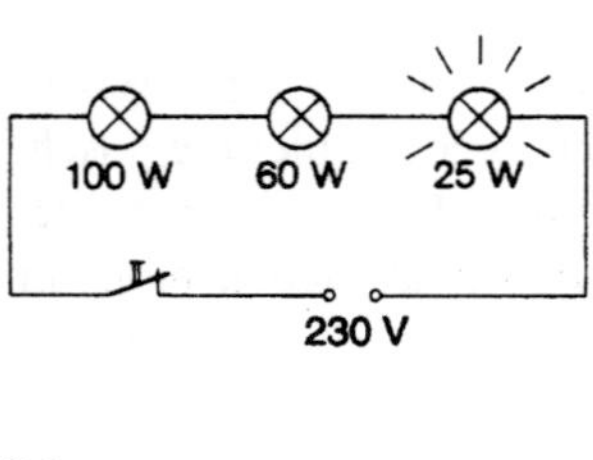

Abb. 2.3/1 Aufspaltung des weißen Lichts einer Experimentierleuchte in seine Spektralfarben

die Glaskörper der Lampen oder deren Sockelhalterungen geschrieben werden (s. Abb. 2.3/1). Das Experiment darf wegen der verwendeten Netzspannung nur vom Lehrer durchgeführt werden. Teil B (siehe Versuch 3.2.4) ist als Schülerexperiment geeignet.

Ergebnis
Die 25 W-Lampe wird am hellsten leuchten, die 60 W-Lampe schwach glimmen. Dagegen bleibt die 100 W-Lampe dunkel und wird nur handwarm.

Erklärung
Da es sich um eine Reihenschaltung handelt, werden alle Lampen vom gleichen Strom durchflossen. Die Netzspannung teilt sich entsprechend der Innenwiderstände der Lampen auf.

Bei Anliegen der Nennspannung besitzen die Lampen folgende Wendelwiderstände:
R_{25} = 1936 Ohm; R_{60} = 806 Ohm; R_{100} = 484 Ohm.

Wegen der Temperaturabhängigkeit der Widerstände muß allerding berücksichtigt werden, daß die tatsächlichen Werte der leistungsstärkeren Lampen unter den oben angegebenen Werten liegen. Die Korrektur ergibt sich aus:
$R_w = R_{20} (1 + \alpha\Delta\vartheta)$

Darin bedeutet:
R_w = Widerstand des heißen Glühfadens
R_{20} = Widerstand des Fadens bei 20° C
α = Temperaturkoeffizient (Wolfram: = $4{,}5 \cdot 10^{-3}$ / K)
$\Delta\vartheta$ = Temperaturunterschied zwischen heißem und kaltem (20°C) Faden

Bei Nennspannung hat die Glühwendel eine Temperatur von etwa 2200° C.

Näherungsweise sind diese beiden Größen proportional (Werksangabe für eine 100 W-Glühlampe).

Die angenommene Leistung der einzelnen Lampen läßt sich dann aus Widerstand und Strom errechnen $P = I^2 \cdot R$.

Möglicher Konflikt
Die meisten Schüler gehen davon aus, daß eine 100 W-Lampe bedeutend heller leuchten muß als eine 25 W-Lampe. Sie lassen dabei allerdings außer acht, daß die auf der Lampe angegebene Leistung auf Nennspannung bezogen ist. Ihr bisheriges Wissen ist also zu wenig durchdacht und unzulässig verallgemeinert. Es kommt zu einem Konflikt zwischen ihrem bisherigen Wissen und der Beobachtung. Gruppe C.

Es kommt zu einem Konflikt der Gruppe C oder B, wenn die Schüler die nicht

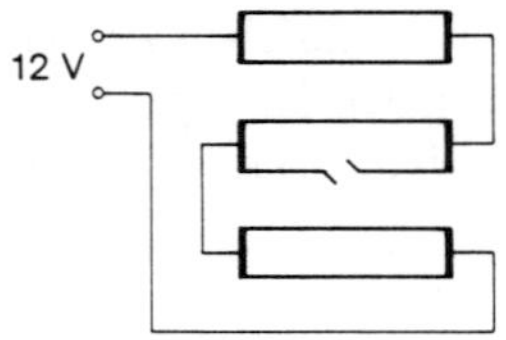

Abb. 2.3/2: Schaltung einer Heckscheibenheizung

leuchtende Lampe wegen eines Defekts auswechseln wollen. Bei Ihnen ist der Gedanke zu fest verwurzelt, daß eine Lampe, die an Spannung liegt, defekt sein muß, wenn sie nicht leuchtet.

Diese Erfahrung (man könnte sie auch schon als heimliche Theorie bezeichnen) gerät in Widerspruch zu der Beobachtung.

Einsatz im Unterricht
Das Experiment kann man den Schülern sicher nicht als Einführung zur Reihenschaltung vorstellen. Um die Verblüffung wirklich ausnutzen zu können, müssen neben den Gesetzen zur Reihenschaltung auch das Ohmsche Gesetz sowie die Gesetze zur Leistungsberechnung und zur Temperaturabhängigkeit elektrischer Widerstände bekannt sein.

Wir setzten es in einer Übungsstunde ein, in der die genannten Lehrinhalte wiederholt werden sollten. In der Regel sind die Schüler gerade von Übungsstunden nicht sehr begeistert, weil sie meinen, alles schon zu beherrschen. Mit diesem Experiment, das wir zu Beginn der Stunde einsetzten, war es möglich, auf die Aspekte der vorhergehenden Stunden einzugehen.

Weitere Zusammenhänge
– Lichterketten an Weihnachtsbäumen
– Reihenschaltung von Lautsprechern (100 V-Ausgänge)
– Reihenschaltung von Leuchtdioden
– Vorwiderstände

Zusatzaufgabe: Bei der Heizung für eine Autoheckscheibe wird aus Versehen ein Heizdraht durchtrennt. Was wird beim Betrieb der Heizung geschehen?

3.2.4 Eine Lampe ist kaputt (Teil B)

Geräte und Materialien
1. Lampe (6 V / 0,05 A) mit Fassung
2. Lampe (6 V / 0,4 A) mit Fassung
3. Vielfachmeßgerät
4. Spannungsversorgung (6 V)

Für Schülergruppen ist das entsprechende Vielfache dieser Geräte bereitzustellen.

Beschreibung und Durchführung
Die Schaltung ist nach der Skizze (s. Abb. 2.4) vom Lehrer oder den Schülern aufzubauen.

Ergebnis
Die Lampe (6 V / 0,05 A) leuchtet hell auf. Die andere Lampe bleibt dunkel, erwärmt sich aber etwas.

Erklärung
Da es sich um eine Reihenschaltung handelt, werden beide Lampen vom gleichen Strom durchflossen. Die leuchtende Lampe hat aber einen etwa achtfach größeren Innenwiderstand als die nicht leuchtende Lampe (Dieser Wert ergibt sich aus einem Vergleich der Nenndaten der beiden Lampen im Normalbetrieb.) Das tatsächliche Verhältnis der Innenwiderstände der beiden Lampen während des Versuchs wird noch über diesem Wert liegen, da in der Rechnung der Verringerung des Wendelwiderstands im „kalten" Zustand nicht berücksichtigt wurde.

An der leuchtenden Lampe liegt nahezu Nennspannung, an der anderen nur ein Bruchteil der Nennspannung. Diese beiden Werte muß man jeweils mit dem Strom multiplizieren, um die aufgenommene Leistung der Lampen zu erhalten. Im Unterricht wurde davon ausgegangen, daß die aufgenommene Leistung proportional zur Lichtstärke ist.

Möglicher Konflikt
Die Schüler gehen davon aus, daß zwei gleiche Lampen auch gleich hell leuchten müssen. Ihnen wurde verschwiegen, daß die Lampen sich in ihrem Nennstrom unterscheiden. Es kommt zu einem Konflikt zwischen der falschen Vorstellung, daß eine Lampe allein durch ihre Spannungsangabe charakterisiert ist und der Beobachtung der Schüler. Gruppe B. Einige Schüler sind der Meinung, daß die nicht leuchtende Lampe defekt ist oder ein Fehler in ihrem Schaltungsaufbau vorliegt. Auch in diesem Fall kommt es zu einem Konflikt

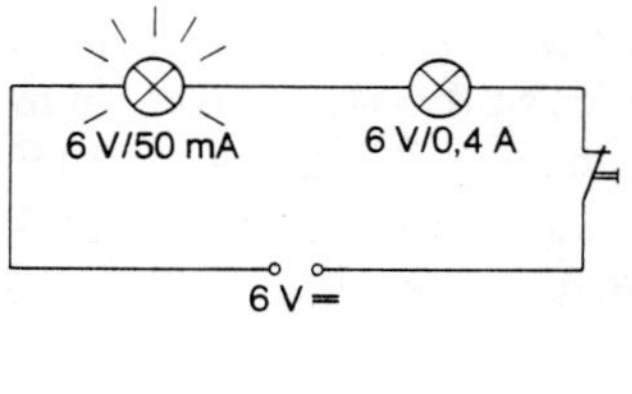

Abb. 2.4: Reihenschaltung von Lampen mit unterschiedlichen Nennströmen

nach Gruppe B. Die Schüler ziehen nämlich, obwohl sie die Gesetze eines einfachen Stromkreises kennen, ihr falsche Vorstellung „eine angeschlossene Lampe ist kaputt, wenn sie nicht leuchtet" zur Erklärung des Versuchs heran.

Einsatz im Unterricht
Der Versuch bietet gegenüber Teil A (siehe 3.2.3) den Vorteil, daß er mit Niederspannung betrieben wird und somit gut als Schülerversuch eingesetzt werden kann. In den vorhergehenden Stunden haben die Schüler die physikalischen Größen Ladung, Strom, Spannung und Widerstand kennengelernt. Das Ohmsche Gesetz wurde erarbeitet und geübt.

Die Schüler sollten mit Hilfe dieses Versuchs den Einstieg zur selbständigen Erarbeitung der Gesetze für U und I im unverzweigten Kreis finden.

Dazu stellten wir den Schülern die notwendigen Geräte zum Aufbau der Schaltung zur Verfügung. Nachdem die Schüler die Schaltung in Betrieb genommen hatten, bekamen sie den Auftrag, mit Hilfe von Strom- und Spannungsmessungen eine Erklärung für die Beobachtung zu binden. Dabei mußten wir den meisten Gruppen Hilfen geben, z. B. daß eine Messung der Spannung an den Lampen zu einer Lösung führt. Mit diesen Voraussetzungen konnte in Demonstrationsexperimenten sehr schnell auf die Gesetze des unverzweigten Stromkreises hingearbeitet werden.

Weiter Zusammenhänge
– siehe Teil A

3.2.5 Noch nicht einmal Glas isoliert

Geräte und Materialien
1. Glasröhrchen, 4 - 5 mm Außendurchmesser, 5 - 10 cm lang
2. zwei Metallstifte (Nägel, Stricknadeln), die in das Glasröhrchen passen
3. zwei Isolierstützen mit Stativfluß
4. Glühlampe (230 V / 100 W) mit Fassung
5. Bunsenbrenner

Beschreibung und Durchführung
Die beiden Stifte klemmt man jeweils in eine Isolierstütze und schiebt sie in das Glasröhrchen. Der Abstand zwischen den beiden Stiften sollte etwa 5 mm betragen. Diese Anordnung schaltet man in Reihe mit einer Glühlampe (230 V / 100 W) an Netzspannung. Das Glasröhrchen wird zwischen den beiden Stiften mit einem Bunsenbrenner bis zur Rotglut erhitzt (s. Abb. 2.5).

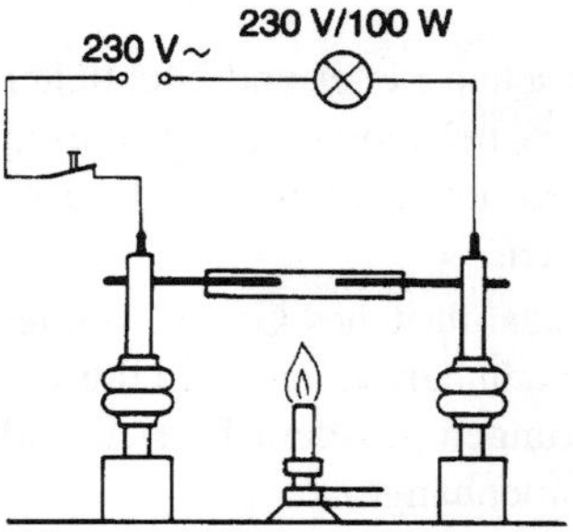

Abb. 2.5: Versuchsaufbau zur Leitfähigkeit von Glas

Dies muß langsam geschehen, da das Glas durch eine plötzliche Temperaturerhöhung zerspringen kann. Zum Schutz des Tisches sollte eine Schale mit Sand darunter gestellt werden.

Ergebnis
Wird das Röhrchen zwischen den beiden Stiften erhitzt, so beginnt die Lampe bei Rotglut des Glases zu leuchten. Auch nach Entfernen des Brenners erlischt die Lampe nicht. Dabei ist zwischen den Metallstiften und der Innenwand des Glasröhrchens ein schwach leuchtender Funkenüberschlag zu beobachten.

Erklärung
Eine exakte theoretische Durchdringung kann hier wegen der Komplexität des Problems nicht erfolgen.

Das Versuchsergebnis läßt jedoch folgende stark vereinfachte Deutung zu: Infolge der Zufuhr von Wärmeenergie werden Moleküle des Glases ionisiert. Diese Ionen können sich in der nur zähflüssigen Substanz bewegen und bewirken somit eine elektrische Leitfähigkeit. Daß die Lampe auch nach Wegnahme des Brenners weiterleuchtet, ist auf die Wärmewirkung des elektrischen Stroms zurückzuführen.

Möglicher Konflikt
Glas ist für die Schüler ein absoluter Nichtleiter. Diese Meinung hat sich durch ihre alltäglichen Erfahrungen (Glühlampen, ...) und der Kenntnis aus dem vorhergegangenen Unterricht verfestigt. Der erste Konflikt entsteht dann, wenn die Schüler im Experiment sehen, daß Glas durch Wärmezufuhr offensichtlich leitend wird. Daß die Lampe auch nach Wegnahme des Brenners weiterleuchtet, führt zu einem zweiten Konflikt. Die Schüler kennen zwar die Wärmewirkung des Stroms, ziehen diese aber nicht zur Erklärung heran. Beide Konflikte entstehen durch einen Widerspruch zwischen dem bisher Gelernten und der Beobachtung der Schüler. Gruppe C.

Einsatz im Unterricht

In unteren Klassen sollte die Unterscheidung zwischen Leiter und Nichtleiter sowie der Aufbau eines elektrischen Stromkreises bekannt sein. Mit diesen Voraussetzungen kann man das Experiment zeigen, um die Grenzen der Isolationsfähigkeit von Nichtleitern deutlich zu machen.

Das Experiment war der Ausgangspunkt für ein ausführliches Gespräch über Faktoren, die die Leitfähigkeit von Isolierungen verändern können. In diesem Gespräch waren die Schüler in der Lage, Erfahrungen aus dem Betrieb und Werkstatt mit einzubringen (siehe weitere Zusammenhänge).

Weiter Zusammenhänge:

- Ein Isolator verändert seine elektrischen Eigenschaften unter folgenden Bedingungen erheblich: Wärmezufuhr, Feuchtigkeit, saurer Regen, Ablagerungen an der Oberfläche. Diese Faktoren müssen bei der Dimensionierung von Isolatoren berücksichtigt werden.

3.2.6 Ein sehr anhänglicher Luftballon

Geräte und Materialien

1. zwei Luftballons
2. Wollappen oder Pullover
3. Angelschnur oder Zwirnfaden. Länge etwa 2 m
4. evtl. Stativmaterial

Beschreibung und Durchführung

Der Luftballon wird weit aufgeblasen, verschlossen und möglichst frei (1 m Abstand vom nächsten Gegenstand) an der Decke oder einer Stativstange mit Hilfe der Angelschnur aufgehängt. Vor Unterrichtsbeginn lädt man den Ballon elektrisch auf, indem man ihn an der Kleidung oder mit einem Wollappen reibt. Dies kann auch vor den Augen der Schüler mit dem Hinweis geschehen, daß der Ballon verstaubt sei und noch ein wenig poliert werden müsse.

Ein zweiter aufgeblasener aber ungeladener Ballon liegt zum Vergleich auf dem Experimentiertisch bereit.

Nun nähert man sich dem geladenen Ballon mit der flachen Hand (s. Abb. 2.6)

Ergebnis

Der Ballon bewegt sich auf die flache Hand zu, kann ohne Berührung angehoben werden und schwebt schließlich frei unter ihr. Geht man dicht am hängenden Ballon vorbei, so folgt der Ballon und bleibt bei langsamer Bewegung an der Kleidung hängen.

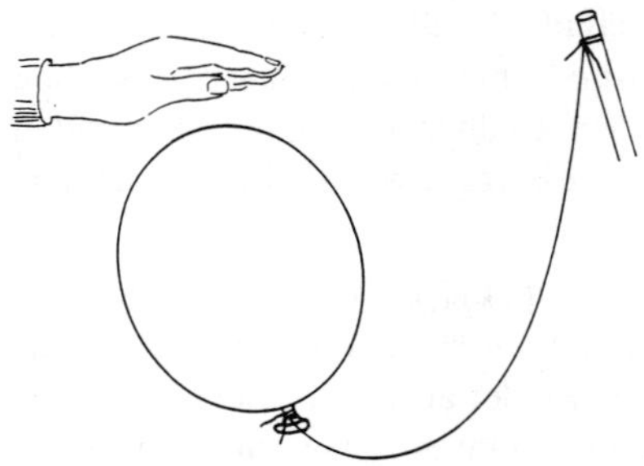

Abb. 2.6: Aufgrund elektrostatischer Kräfte folgt der Luftballon der Hand

Erklärung

Durch die Reibung wird der Ballon entgegengesetzt zu Hand und Kleidung aufgeladen. Zwischen unterschiedlichen Ladungen wirken anziehende Kräfte – der Ball folgt der Hand.

Ballons eignen sich hervorragend für elektrostatische Experimente, da sie aufgrund ihrer geringen Oberflächenkrümmung, im Gegensatz zu eckigen und kantigen Körpern, die einmal aufgebrachten Ladungen sehr lange halten. Außerdem besitzen sie ein sehr günstiges Ladungs-Masse-Verhältnis.

Möglicher Konflikt

Es kommt zu einem Konflikt zwischen der Beobachtung der Schüler und ihrem bisherigen Wissen. Der zweite ungeladene Ballon bestätigt ihre Erwartung, daß ein Ballon keinerlei anziehende oder abstoßende Kräfte auf andere Gegenstände ausübt. Sie finden trotz des „Polierens" keine Ursache, die die Kraft zwischen Hand und Ballon erklären kann. Der Konflikt wirkt allerdings nicht so stark, daß er zur Resignation bei den Schülern führt. Allein die Beobachtung des Versuchs führt zu einer Menge von Beiträgen („wie ein Magnet", „Folien ziehen sich auch an"), die sich nach Meinung der Schüler mit diesem Experiment vergleichen Lassen. Gruppe C oder Gruppe A.

Einsatz im Unterricht

Es war unser Ziel, den Schülern die Reibungselektrizität anhand der daraus folgenden anziehenden und abstoßenden Kräfte zu verdeutlichen. Die Gesetzmäßigkeiten (Kraftwirkung in Abhängigkeit von der Polarität) sollten von den Schülern selbst gefunden werden.

Der „anhängliche Luftballon" wurde von uns zu Beginn der Stunde vorgeführt und ein Gespräch zur Deutung des Versuchs angeschlossen. Danach ließen wir Schülergruppen bilden, denen wir jeweils einen Ballon mit Faden zur Verfügung stellten. Die Gruppen bekamen den Auftrag, mit verschiedenen Materialien (Schnellhefter aus Kunststoff, Papierschnitzel, Füllfederhalter, ...) anziehende bzw. abstoßende Kräfte am Ballon und untereinander zu untersuchen und ihre Beobachtungen zu formulieren. Mit ergänzenden und erweiternden Experimenten (siehe weitere Zusammenhänge) regten wir die Experimentierideen an.

Anschließend wurden in den einzelnen Gruppen Erklärungsansätze entwickelt, den Klassenkameraden vorgestellt und mit Hilfe weiterer Experimente verifiziert oder falsifiziert. Um der immer wieder auftauchenden Gleichsetzung mit magnetischen Kräften zu begegnen, sollte ein Dauermagnet bereitliegen.

Weitere Zusammenhänge
- Der Ballon zieht kleine Papierstücke an und läßt die Haare eines Schülers zu Berge stehen.
- Ein dünner Wasserstrahl wird abgelenkt.
- Der Ballon bleibt an der Zimmerecke oder an der Wand haften, wenn man ihn leicht dagegendrückt.
- Zwei nebeneinander aufgehängte Ballone stoßen sich ab.
- Der Luftballon wird von einer geriebenen Overhead-Projektor-Folie abgestoßen, wenn er vorher mit ihr in Berührung war.

3.2.7 „Falsch gewickelt"

Geräte und Materialien
1. zwei gleiche, etwa 8 cm lange, dicke Eisennägel
2. zwei gleiche, etwa 2 m lange, lackierte Kupferdrähte von etwa 0,3 mm Durchmesser
3. zwei gleiche Flachbatterien (4,5 V)
4. einige Büroklammern aus Eisen

Beschreibung und Durchführung
Nachdem an allen vier Drahtenden der Lack entfernt ist, werden sie dort jeweils mit Büroklammern verdrillt, so daß ein elektrischer Anschluß zu den Polen der Flachbatterien hergestellt werden kann.

Auf Anweisung des Lehrers wickelt ein Schüler die ganze Länge seines Drahtes um den Nagel, ein anderer biegt den zweiten Draht in der Mitte zusammen und wickelt ihn dann doppelt genommen um den anderen Nagel. Durch Anschluß der so entstandenen „Elektromagneten" an den Batterien wird mit den Büroklammern deren „Tragkraft" geprüft (s. Abb. 2.7).

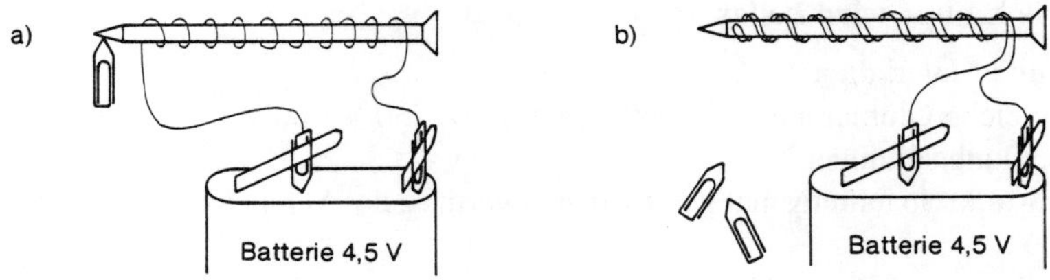

Abb. 2.7: Versuchsaufbau
a) mit einfach gewickelter Spule b) mit bifilar gewickelter Spule

Ergebnis
Während der Elektromagnet mit dem in ganzer Länge aufgewickelten Draht einige Büroklammern anzieht und festhält, versagt der andere.

Erklärung
Mit dem doppelt genommenen Draht wurde eine bifilare Spule gewickelt, in der der Strom in den nebeneinanderliegenden Drähten der Windungen gegenläufig fließt. Die entstehenden Magnetfelder heben sich dadurch gegenseitig auf, so daß die Spule keine magnetische Wirkung zeigt.

Möglicher Konflikt
Nach Einführung in den Elektromagnetismus ist der Selbstbau eines Elektromagneten für Schüler von besonderem Reiz. Das Gelingen der Versuche wird als unproblematisch angesehen, und nur aus Gründen der Zeitersparnis wird der Draht doppelt genommen. Ein gedanklicher Konflikt entsteht, wenn diese Anordnung beim Ausprobieren versagt. Da die bisher erworbenen Kenntnisse über Elektromagnetismus zur Erklärung nicht ausreichen, kommt es zu einem gedanklichen Konflikt der Gruppe C.

Einsatz im Unterricht
Die Versuche eignen sich besonders zur Vertiefung und Festigung der Kenntnisse über Elektromagnetismus. Sie können sowohl als gruppenteilige Schülerversuche als auch von Einzelschülern vor der Klasse durchgeführt werden, eventuell auch in Form eines Wettbewerbs: wer zuerst einen funktionsfähigen Elektromagneten fertig bekommt. Die Auswertung sollte im Unterrichtsgespräch erfolgen.

Weitere Zusammenhänge
- Technische Anwendung des Elektromagnetismus (z. B. Sicherungsautomat, Relais, Telefon, Elektromotor)
- elektromagnetische Induktion.

3.2.8 Die Lampe wird heller

Geräte und Materialien

1. drei gleiche Glühlampen mit Fassungen (z. B. 230 V / 60 W)
2. Verbindungsleitungen
3. Strom- und Spannungsmeßgerät zur Auswertung des Versuchs

Beschreibung und Durchführung

Zunächst werden Lampe 1 und 2 in Reihe an 230 V geschaltet. Um den Schülern eine Hilfe zum späteren Verständnis der Schaltung zu geben, sollten die Leitungen mit den Knotenpunkten A und B genau entsprechend der Schaltskizze (s. Abb. 2.8) verlegt sein. Die Schüler werden vor Inbetriebnahme dieser Reihenschaltung nach ihren Vermutungen über die Helligkeit der beiden Lampen befragt. Diese Wiederholung muß unbedingt durchgeführt werden, denn allein durch die abknickenden Leitungen in den Knotenpunkten A und B kommen einige Schüler immer noch auf die Idee, daß Lampe 2 weniger hell leuchtet („Durch die Kurve geht doch Energie verloren"). Andere begründen, daß die Lampe 1 heller leuchten wird, immer noch mit der heimlichen Theorie: „Lampe 1 braucht fast den gesamten Strom und es bleibt nicht genug für Lampe 2". Erst wenn die Gesetzmäßigkeiten an dieser Schaltung wiederholt sind, wird Lampe 3 hinzugeschaltet.

Ergebnis

Sind nur Lampe 1 und 2 in Reihe geschaltet, werden beide gleich hell leuchten. Die parallel zu Lampe 2 liegende Lampe 3 bewirkt eine Helligkeitszunahme von Lampe 1 und eine leichte Verdunkelung von Lampe 2. Die Helligkeit von Lampe 3 entspricht der von Lampe 2.

Erklärung

Im ersten Teil des Versuchs handelt es sich um eine einfache Reihenschaltung von 2 Glühlampen. An beiden Lampen liegt jeweils eine Spannung von 115 V. Sie werden vom gleichen Strom durchflossen. Die von den beiden Lampen abgestrahlte Leistung muß also die gleiche sein.

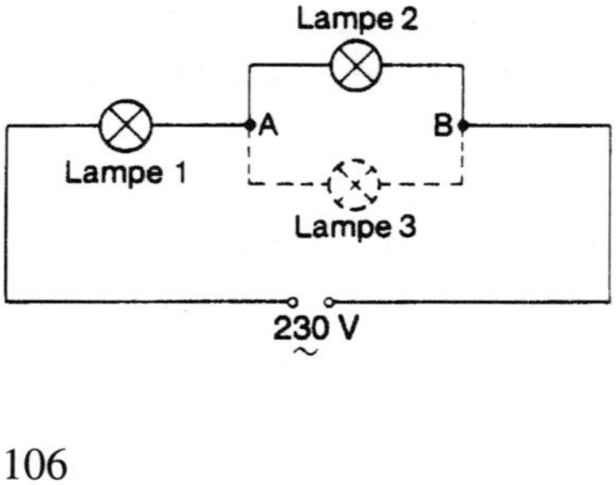

Abb. 2.8: Lampe 1 leuchtet nach Zuschalten von Lampe 3 heller.

$$P = \frac{U}{2} I$$

$$P = \frac{U^2}{4R}$$

P = Leistungsaufnahme einer Lampe
U = Netzspannung
I = Stromstärke
R = der augenblickliche el. Widerstand bei 115 V (hängt stark von der Temperatur ab)

Der zweite Teil des Versuchs besteht aus einer gemischten Schaltung. Für eine grobe Überschlagsrechnung wird angenommen, daß sich der elektrische Widerstand des Glühfadens in dem vorliegenden Temperaturbereich nicht verändert.

$$R_{ges} = R + \frac{R}{2} = \frac{3}{2} R \qquad R = \text{Widerstandswert bei 115 V}$$

$$U_1 = \frac{2}{3} U \qquad U_{2/3} = \frac{1}{3} U \qquad I_1 = I_2 + I_3$$

$$P_1 = \frac{U_1^2}{R} \qquad P_{2/3} = \frac{U_{2/3}^2}{R}$$

$$P_1 = \frac{4}{9} \frac{U^2}{R} \qquad P_{2/3} = \frac{1}{9} \frac{U^2}{R}$$

Lampe 1 nimmt also im Vergleich zum ersten Teilversuch eine etwa 1,8fache Leistung, im Vergleich zu Lampe 2 und 3 aus der gemischten Schaltung, eine 4-fache Leistung auf. Für eine genauere Rechnung kann davon ausgegangen werden, daß der Widerstand in diesem Bereich um etwa 2,1 Ohm/Volt[1] zu- bzw. abnimmt. Da sich aber der Widerstand von Lampe 1 durch Temperaturerhöhung vergrößert, der Widerstand von Lampe 2 durch Temperaturabnahme verkleinert, wird die von Lampe 1 tatsächlich aufgenommene Leistung kleiner und die von Lampe 2 größer als die oben angegebene Abschätzung sein.

Möglicher Konflikt
Nachdem die Gesetzmäßigkeiten der Reihen- und Parallelschaltung behandelt wurden, wird sich kaum ein Schüler darüber wundern, daß im ersten Teil des Versuchs (Reihenschaltung) beide Lampen gleich hell leuchten. Auch eine Erklärung wird ihnen nicht schwerfallen.

Sollten die Schüler ihre Vermutungen über den Ausgang des zweiten Versuchs äußern, so tauchen falsche Lösungen auf. Sie sind der Meinung, daß das Zuschalten von Lampe 3 eine Helligkeitsabnahme von Lampe 1 bewirkt. Diese

[1] Werksangabe für eine 100 W-Lampe

falsche Vorstellung wird damit begründet, daß der Strom, der durch Lampe 1 fließt, nun auch noch Lampe 3 beliefern muß. Diese heimliche Theorie und die Beobachtung der Schüler geraten in Widerspruch. Gruppe B.

Einsatz im Unterricht
Die Schüler einer 8. Klasse hatten in den vorhergehenden Stunden in Schülerübungen Ströme und Spannungen in Reihen- und Parallelschaltungen gemessen. Die Gesetze für beide Schaltungen wurden daraus abgeleitet.

Ziel diese Experiments war die Festigung des bisher Gelernten und die Erweiterung der Kenntnisse auf gemischte Schaltungen. Daß dies mit aller Sorgfalt geschehen mußte, zeigte der Konflikt, in den die Schüler gerieten.

Wir gaben den Schülern die Aufgabe, die Lampen durch Widerstände (200 Ohm) zu ersetzen. Ströme und Spannungen vor und nach Zuschalten von Lampe 3 (Widerstand 3) sollten genau gemessen, die Leistungsaufnahme der einzelnen Widerstände errechnet und miteinander verglichen werden. Trotz aller Kritik am „Wassermodell" zogen wir es neben diesem Leistungsvergleich als Erklärungshilfe heran.

Weitere Zusammenhänge
- In manchen Haushalten kann man eine leichte Abnahme der Helligkeit beobachten, wenn ein Verbraucher (z. B. Saunaofen) mit großer Leistung eingeschaltet wird. Dieses Phänomen darf nicht mit den Beobachtungen in diesem Experiment verwechselt werden. Es handelt sich um eine Helligkeitsabnahme, die durch einen zusätzlichen Spannungsabfall auf den Leitungen hervorgerufen wird.
- Schaltet man mehr und mehr Verbraucher an eine Steckdose, so werden die Sicherungen nach einiger Zeit überlastet sein. Dies läßt sich sehr schön mit Lampen demonstrieren. Dabei übernimmt eine Lampe den Platz einer Sicherung, während die anderen Lampen dahinter parallel geschaltet werden. Die in Reihe liegende Einzellampe wird bei Hinzuschalten weiterer Lampen nun heller, bis sie schließlich durchbrennt.

3.2.9 Der schwebende Ring

Geräte und Materialien
1. Schalter
2. zwei Spulen mit 600 Wdg. / 2,2 A / 3 Ohm / 15 mH
3. 3 - 4 Eisenkerne für Spulen
4. ein über die Eisenkerne passender Aluminiumring
5. Verbindungsleitungen

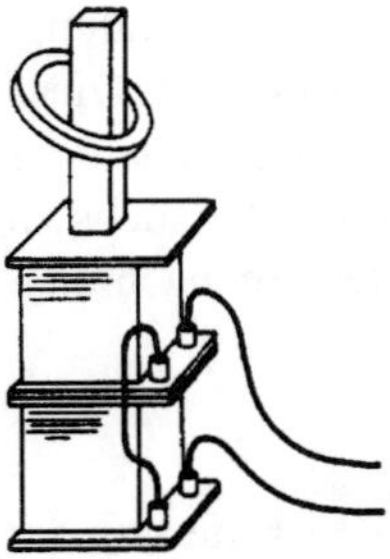

Abb. 2.9: Der Aluminiumring schwebt einige Zentimeter über den beiden Spulen

Beschreibung und Durchführung

Zwei Spulen werden gleichsinnig in Reihe geschaltet und über einen Schalter an Netzspannung betrieben. Es fließt ein Strom von etwa 2 A. Auf der oberen Spule liegt um den herausragenden Eisenkern ein 10 mm breiter und 4 mm dicker Aluminiumring (s. Abb. 2.9).

Es ist ratsam, die Spulen mit Schraubzwingen am Tisch zu befestigen. Mit 3 oder 4 aufeinandergestellten Eisenkernen läßt sich der Versuch eindrucksvoller durchführen.

Ergebnis

Nach dem Einschalten wird der Ring auf eine Höhe bis zu 30 cm emporgeschleudert. Danach schwebt er etwa 15 cm über den Spulen. Der Ring erwärmt sich sehr stark.

Erklärung

Im Ring wird eine Wechselspannung induziert, die aufgrund des geringen ohmschen Widerstandes einen hohen Strom zur Folge hat. Das Magnetfeld dieses Stroms ist noch der Lenz'schen Regel seiner Ursache (Magnetfeld der Spule) entgegengerichtet. Es kommt zu einer abstoßenden Kraft zwischen dem Magnetfeld der Spule und dem des Ringes. Diese Kraft und die Gewichtskraft des Ringes sind gleich groß, wenn der Ring schwebt.

Möglicher Konflikt

Die Schüler wissen zwischen ferro- und nicht ferromagnetischen Stoffen zu unterscheiden. Ebenso ist ihnen die Wirkung und die Erklärung eines Elektromagneten geläufig. Die Induktion wurde nur am Beispiel der Relativbewegung zwischen Dauermagnet und Spule behandelt. Mit diesen Vorkenntnissen können die Schüler nichts anderes erwarten, als daß der Ring auf der Spule liegen bleibt. Es kommt zu einem Widerspruch zwischen dem bisher Gelernten und der Beobachtung. Gruppe C.

Einige Schüler äußerten bei der Durchführung des Versuchs die Vermutung, daß der Ring auf der Spule liegen bleibt, dabei aber leicht zittern müßte. Diese heimliche Theorie leiten sie wohl unreflektiert aus dem 50 Hz-Brummen der Spule ab. Für diese Schüler kommt es bei der Durchführung des Versuchs zu einem Konflikt zwischen ihrer heimlichen Theorie und der Beobachtung. Gruppe B.

Einsatz im Unterricht
Bei Schülern des 10. Jahrgangs haben wir diesen Versuch als Erweiterung der bisher behandelten Ursachen der Induktion (siehe möglicher Konflikt) auf Wechselfelder und als Wiederholung der Lenz'schen Regel eingesetzt. Dabei wurden die Schüler zunächst aufgefordert, ihre Vermutungen über den Ausgang des Experiments zu äußern. Um ihnen die Aufgabe zu erleichtern, fragten wir zuerst nach der Art des Magnetfeldes, das in den Spulen entsteht. Als weitere Hilfe kann den Schülern ein kleines Vorexperiment angeboten werden: Ein Kunststoff- oder Holzring wird auf die obere Spule gelegt und der Strom eingeschaltet. Beide Ringe bleiben bewegungslos auf der Spule liegen. Nach der Vorführung des „schwebenden Rings" wurden in einem Unterrichtsgespräch die Beobachtungen festgehalten und eine Erklärung formuliert.

Weiter Zusammenhänge
– Magnetkissenbahn
– Lagerungen mit magnetischen Flüssigkeiten
– Induktionshärten, Induktionsschmelzöfen
– Waltenhofensches Pendel
– Wirbelstromgebremste Motoren und wirbelstromgedämpfte Meßgeräte
– Kurzschlußläufermotoren.

3.2.10 Der wechselhafte Magnetismus

Geräte und Materialien
1. Stabmagnet
2. Eisennagel
3. dünner Draht
4. Stativmaterial
5. Bunsenbrenner

Beschreibung und Durchführung
Ein an einem dünnen Draht aufgehängter Eisennagel wird aus seiner Ruhelage (Pos. 0) gelenkt und durch die Kraft des Dauermagneten in der Position 1 ge-

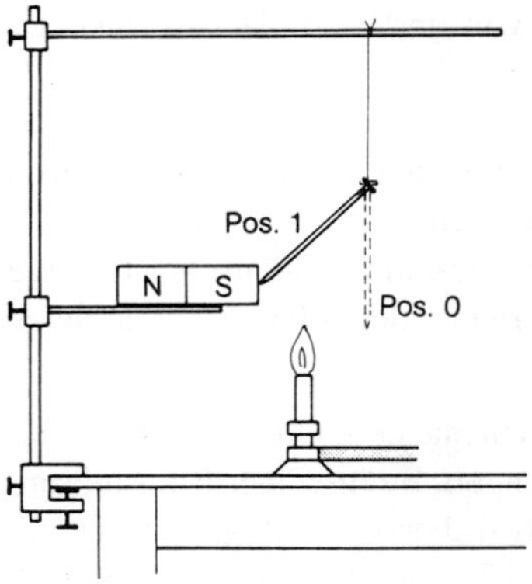

Abb. 2.10: Erwärmung eines Nagels bis zur Curie-Temperatur

halten. In dieser Lage erwärmt man den Nagel mit starker Bunsenbrennerflamme bis zur hellen Rotglut.

Ergebnis

Bei heller Rotglut fällt der Nagel vom Magneten ab. Nach Wegnehmen der Flamme und Abkühlung wird er wieder angezogen und haftet am Magneten.

Erklärung

Die Eigenschaften ferromagnetischer Stoffe gelten nur unterhalb einer stoffspezifischen Temperatur T_C, der Curie-Temperatur. Beim Erreichen bzw. Überschreiten dieser Temperatur fallen die vorher durch das äußere Feld des Dauermagneten ausgerichteten, räumlich auf Weiß'sche Bezirke begrenzte, Einzelmomente in einen ungeordneten Zustand zurück.

Durch die damit verbundene Kompensation der magnetischen Einzelmomente sind ferromagnetische Stoffe oberhalb ihrer Curie-Temperatur unmagnetisch.

Möglicher Konflikt

Der Versuch diente uns als Einstieg zu dem Problemkreis der Entmagnetisierung ferromagnetischer Stoffe sowie zur Einführung der Curie-Temperatur, nachdem zuvor schon die Modellvorstellungen zum Ferromagnetismus (Elementarmagnete, Weiß'sche Bezirke, ...) angesprochen worden waren.

Nach der Vorführung des Versuches wurden die Phänomene der Magnetisierung wie auch der Entmagnetisierung am Magnetmodell[1] veranschaulicht.

---

[1] Hierbei handelt es sich um das in den meisten Physiksammlungen enthaltene Modell mit vielen, reibungsarm gelagerten Einzelmagnetnadeln zwischen zwei Plexiglasplatten.

Dabei wurden die folgenden Gesichtspunkte von uns besonders herausgearbeitet:
- Abgrenzung von Modell und Wirklichkeit
- Vorgänge der Magnetisierung und der Entmagnetisierung können nur durch Zufuhr bzw. Entzug von Energie realisiert werden.
- Analogie zwischen Wärmeenergie beim Versuch und mechanischer Energie (Erschütterungen des Modells zum Umklappen der Elementarmagneten (Entmagnetisierung).

Im weiteren Verlauf der Stunde untersuchten wir nacheinander einen Nickel- und einen Eisendraht mit identischen Abmessungen. Bei gleicher Bunsenbrennerflamme löste sich der Nickelnagel deutlich früher vom Magneten. Damit sollte gezeigt werden, daß es sich bei der Curie-Temperatur um eine Materialkonstante handelt.

Die exakten Werte für die Curie-Temperatur unterschiedlicher Materialien wurden einer Tabelle entnommen[1, 2].

Weiter Zusammenhänge
- Entmagnetisierung durch: mechanische Erschütterung (Hammerschläge), magnetisches Wechselfeld.
- Magnetisierung durch: festes Einbinden der Weiß'schen Bezirke bei keramischen Magneten.

3.2.11 Fast wie eine Kerze

Geräte und Materialien
1. Sperrholz, um einen Würfel 10 x 10 x 10 cm mit doppelter Rückwand zu bauen, die Vorderseite bleibt offen
2. schwarzer Stoff zum Bespannen des Würfels
3. Satz elektronischer Bauelemente (für Schaltung 1)
   Fotowiderstand LDR
   Glühlampe 6 V / 0,2 A
   Schalttransistor Darlington MPS A 14
   Batterie 9 V
   Trimmpotentiometer 100 kΩ oder

[1] vgl.: *Lüscher, E.*: Experimentalphysik II, elektromagnetische Vorgänge. Hochschultaschenbücher, Bd. 115. Mannheim 1966. S. 133.

[2] vgl.: *Gerthsen, Kneser, Vogel*: Physik. Berlin, Heidelberg, New York 1974. S. 386

4. Satz elektronischer Bauelemente (für Schaltung 2)
   Fotowiderstand LDR
   Glühlampe 3,5 V / 0,2 A
   zwei Transistoren BC 547
   Trimmpotentiometer 10 kΩ
   Batterie 4,5 V
5. Werkzeug

Beschreibung und Durchführung

Würfel und Schaltung werden nach den Skizzen (Abb. 2.11/1, 2.11/2, 2.11/3) zusammengebaut. Dabei ist auf folgendes zu achten:

- Außer der Lampe mit ihrer Zuleitung befinden sich alle Bauelemente hinter der doppelten Rückwand.
- Der Fotowiderstand ist in einer kleinen Bohrung in der ersten Rückwand angebracht.
- Die Lampe muß in Höhe des Fotowiderstandes von der Decke hängen. Die Zuleitungen (möglichst dünne Drähte) sind bis zum Aufhängepunkt unter der Stoffverkleidung versteckt.

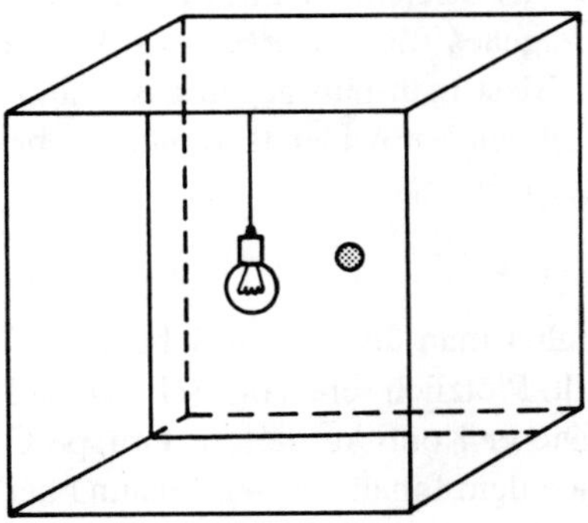

Abb. 2.11/1: Gehäuse für die elektronische Kerze

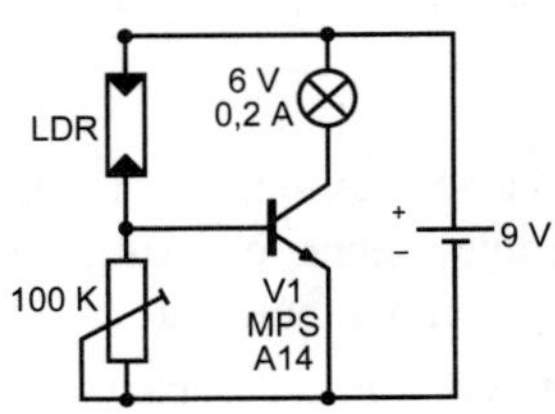

Abb. 2.11/2: Schaltung mit Darlington-Transistor

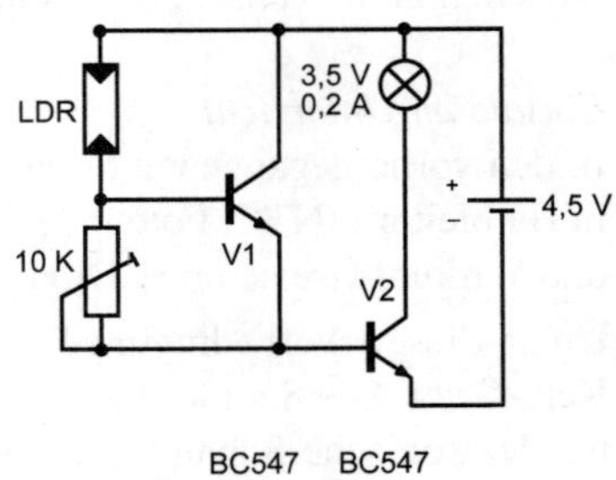

Abb. 2.11/3: Schaltung mit zwei Schalttransistoren

– Die Innenseiten des Würfels sind, bis auf eine Öffnung für den LDR, mit schwarzem Stoff ausgeschlagen.
– Das Potentiometer ist durch die kleine Bohrung in der hinteren Rückwand zu bedienen; hier wird, je nach Lichtverhältnissen im Klassenraum, die Empfindlichkeit der Schaltung eingestellt.
– Die Batterie kann auch über mehrere Tage angeschlossen bleiben, da der Widerstand der gesperrten Transistoren sehr hoch ist.

Ergebnis
Die Lampe beginnt zu Leuchten, sobald man ein brennendes Streichholz in ihre Nähe bringt. Auf ähnlich verblüffende Weise erlischt die Lampe wieder durch Anblasen.

Erklärung
Vor der Basis des Transistors liegt ein Spannungsteiler, bestehend aus Fotowiderstand und Trimmpotentiometer. Wird der Fotowiderstand beleuchtet, so verringert sich sein Widerstand:
An der Basis des Transistors liegt damit eine positive Spannung und er schaltet durch. Die Lampe leuchtet. Auch wenn das Streichholz erlischt, leuchtet die Lampe weiter, da sie ja nun durch ihr eigenes Licht den Fotowiderstand niederohmig hält (optische Selbsthaltung). Bläst man nun gegen das Lämpchen, so schwingt es zur Seite und beleuchtet den Fotowiderstand nicht mehr. Dadurch sperrt der Transistor und die Lampe erlischt.

Möglicher Konflikt
Das übliche Denkmuster „eine Lampe schaltet man über einen Schalter an" wird durch die Beobachtung in Frage gestellt. Plötzlich sehen die Schüler, daß eine Lampe sich wie eine Kerze verhält. Dieser Konflikt, der zur Gruppe C gehört, führt bei den Schülern zur Frage nach dem Inhalt des Würfels und bei manchen zum Wunsch, die „seltsame Lampe" nachzubauen.

Einsatz im Unterricht
In den vorhergegangenen Stunden wurden die elektrischen Leitungsvorgänge in Halbleitern (NTC, Fotowiderstand, n- und p-Dotierung) behandelt. Aufgabe und Wirkungsweise einer Diode waren den Schülern ebenfalls bekannt.

Unter diesen Vorbedingungen stellten wir den Schülern die „elektronische Kerze" vor. Die Schüler kamen sehr schnell zu der Feststellung, daß irgendeine elektronische Schaltung in dem Würfel stecken müsse. Wir stellten ihnen die Schaltung vor, besprachen sie kurz und gaben als Aufgabe und Ziel für die nächsten Stunden den Bau und das Verständnis der Schaltung an. Schüler, die den Würfel nachbauen wollten (das sollte die Mehrheit sein), baten wir, auf eigene Kosten Holz und Bauelemente zu besorgen.

Einige Schüler bauten die Schaltung mit dem schuleigenen Stecksystem auf. Durch den Kauf und das Einlöten der Transistoren lernten die Schüler schon ein paar wesentliche Eigenschaften eines Transistors (Emitter, Basis, Kollektor, Schaltzeichen, Kennzeichnung, npn-Transistor, ...) kennen. Beim Ausprobieren der Schaltung stießen sie immer wieder auf Schwierigkeiten (z.B. Einstellen des Arbeitspunktes), die dann mit unserer Hilfe in den einzelnen Gruppen oder vor der ganzen Klasse geklärt werden konnten. Mit dem Bau der Kerze hatten die Schüler gute Voraussetzungen, um innerhalb kürzester Zeit, den Transistor als Schalter zu verstehen. Bei Bedarf konnten Aussagen zur Funktion des Transistors sowie Strom- und Spannungswerte in der Schaltung von den Schülern selbst kontrolliert werden. Die darauffolgende Behandlung des Transistors als Verstärker bereitete ebenfalls keine Schwierigkeiten.

Weitere Zusammenhänge
– Hell-Dunkel-Schaltung
– Automatisches Umschalten der Straßenbeleuchtung
– Lichtschranken
– Einbruchsicherung
– Helligkeitsregler
– Impulszählung mit Hilfe einer Lichtschranke
– Geschwindigkeitsmessung.

3.2.12 Karusselfahrt eines Spazierstocks

Geräte und Materialien
1. Ein glatter Spazierstock
2. ein hohes Glas, Dose o. ä. mit leicht gewölbtem Deckel
3. ein Styroporblock (aus Verpackungsmaterial)
4. ein Wolltuch o. ä. (alle Gegenstände in trockenem Zustand)

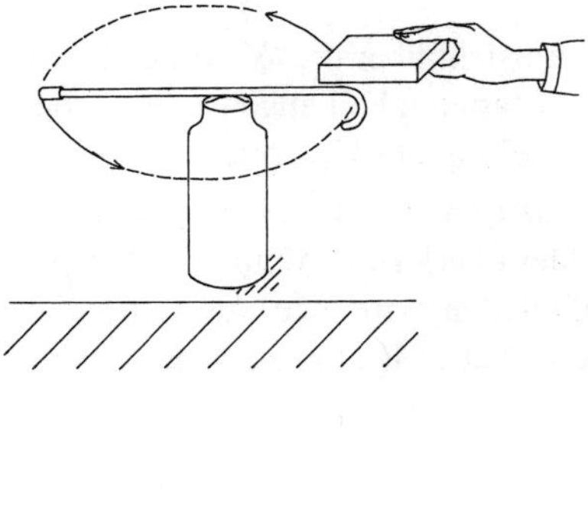

Abb. 2.12/1

Beschreibung und Durchführung

Der Spazierstock wird auf dem leicht gewölbten Glasdeckel so ausbalanciert, daß er liegenbleibt. Dann wird der Styrorporblock mit dem Wolltuch kräftig gerieben (etwa 20mal hin und her). Er wird nun vorsichtig der Krücke des Spazierstocks genähert, ohne sie zu berühren, und dann langsam horizontal um das Weckglas herumgeführt (s. Abb. 2.12/1).

Ergebnis

Der Spazierstock folgt dem Styroporblock und dreht sich dabei kreisend auf dem Deckel. Die Drehgeschwindigkeit nimmt mehr und mehr zu. Wechselt man mit dem Styroporblock auf die andere Seite der Krücke, so kann man den Stock dazu bringen, sich in die entgegengesetzte Richtung zu drehen.

Erklärung

Durch Reibung sind dem Styroporblock Elektronen entzogen worden, so daß er positiv geladen wurde. Nähert man das Styropor dem elektrisch neutralen Spazierstock, so werden dessen Ladungen verschoben (Influenz). Die dem Styropor zugewandte Seite ist dann negativ, die gegenüberliegende positiv geladen. Die beiden Körper ziehen sich gegenseitig an, so daß der Spazierstock der Bewegung des Styropors gehorsam folgt, sogar im Kreis (s. Abb. 2.12/2).

Möglicher Konflikt

Einen ähnlichen Versuchsaufbau kennen die Schüler von der Kompaßnadel, um die ein Magnet oder ein Stück Eisen herumgeführt wurde. Mit ihrer Theorie über Magnetismus können sie hier aber keine Erklärung finden, sind doch weder Magnet noch Eisenteile beteiligt.

Ähnlich geht es ihnen, wenn sie ihre Kenntnisse über die elektrostatische Aufladung von Luftballons zur Erklärung heranziehen wollen (S. 102). Sie kommen in Zweifel, ob sich diese Theorie auf die Vorgänge bei ganz anders gearteten Materialien wie Holz und Styropor übertragen läßt. So kommt es zu Konflikten der Gruppe B.

Einsatz im Unterricht

Die an geriebenen Luftballons gewonnene Einsicht über die Wirkung elektrostatischer Kräfte soll auf diesen ganz anders gearteten Fall angewandt werden. Dabei kommt es zu einer Festigung und Vertiefung des Gelernten.

Vom Lehrer vorgeführt, regt der Versuch dazu an, Vergleiche mit dem Aufladen der Luftballons anzustellen. Die Schüler überlegen: Wenn der Styroporblock durch Reibung genauso positiv aufgeladen wird wie der Luftballon, müßte der Spazierstock auch durch einen geriebenen Ballon zur Karusselfahrt

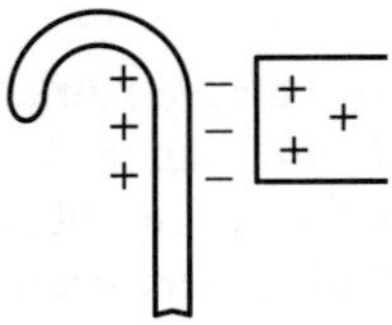

Abb. 2.12/2

angetrieben werden können. Ein entsprechend durchgeführter Versuch bestätigt diese Vermutung.

Weiterführende Zusammenhänge
- Nachweis von positiven und negativen Ladungen mit dem Elektroskop,
- Ladungstrennung und Entladung bei Gewitter,
- Influenz und elektrisches Feld,
- Kondensator

3.2.13 Ein Faden strebt zum Bildschirm

Geräte und Materialien
1. Ein Fernsehgerät oder Monitor eines PC
2. ein Baumwollfaden (ca. 1 m lang)

Beschreibung und Durchführung
Das Fernsehgerät wird eingeschaltet. Dann nimmt man den Baumwollfaden in beide Hände und hält ihn als Schlaufe dicht vor den Bildschirm. Die Hände werden dann langsam vom Bildschirm weg nach unten bewegt (siehe Abb. 2.13/1).)

Ergebnis:
Die Fadenschlaufe bleibt am Bildschirm hängen, so daß der Faden bald waagerecht in der Luft schwebt.

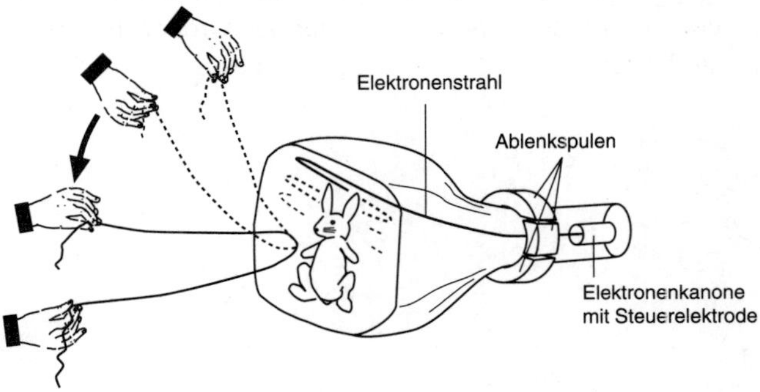

Abb. 2.13/1

Erklärung

Die Anziehung des Baumwollfadens wird durch die elektrostatische Aufladung der Glasscheibe der Fernsehröhre verursacht. Diese kommt durch den Elektronenstrahl zustande, der von der Kathode ausgesandt wird und über den Bildschirm eilend in einer Sekunde eine Folge von 25 Bildern hervorruft. Die Elektronen erzeugen dabei eine elektrostatische Aufladung des Schirmes, so daß ungeladene Dinge – wie Staub und auch der Baumwollfaden – angezogen werden, sogar noch eine Zeitlang nach dem Abschalten des Gerätes. Auch Papierschnipsel, Puffreiskörner und ähnliche leichte Dinge bleiben daran haften.

Möglicher Konflikt

Das Wirken elektrostatischer Kräfte haben die Schüler bereits bei Versuchen mit Luftballons kennengelernt (vgl. Versuch 3.2.6). Da in diesem Falle die Reibung als Ursache der Ladungstrennung wegfällt, geraten sie in Zweifel, ob diese Theorie hier überhaupt anwendbar ist. Eine magnetische Anziehung als Erklärungsmodell hilft ihnen auch nicht weiter, da es sich um einen Wollfaden handelt. So entsteht ein Konflikt der Gruppe B oder C.

Einsatz im Unterricht

Durch den Versuch sollen die Schüler motiviert werden, sich mit der Funktion der Elektronenstrahlröhre auseinanderzusetzen.

Die Versuchsbeobachtungen können zu Vergleichen mit den Ladungsvorgängen bei Luftballons herausfordern (vgl. Versuch 3.2.6). Ob auch Glas elektrisch aufgeladen werden kann? – Das läßt sich durch einen Versuch erproben: Eine Glasscheibe wird mit einem Wolltuch gerieben und senkrecht aufgestellt. Die Fadenprobe (s. Abb. 2.13/2) führt zur gleichen Erscheinung wie am Fernsehschirm.

Mit Interesse dürften die Schüler nun der Frage nachgehen, wie am Bildschirm eine Aufladung ganz ohne Reibung zustande kommen kann. Ein entsprechender Schulbuchtext mit der Abbildung einer Elektronenstrahlröhre kann dabei gute Dienste leisten.

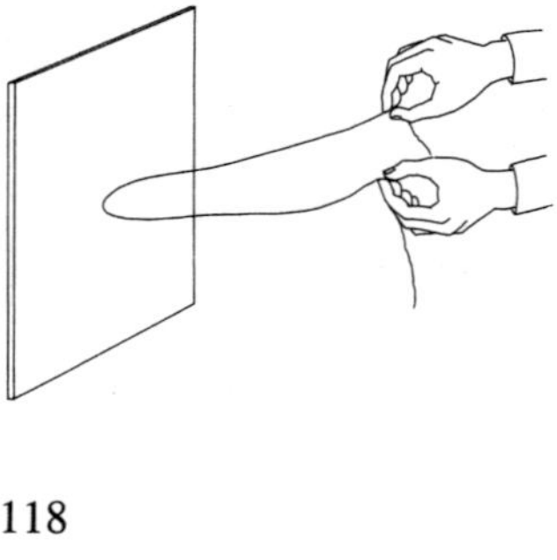

Abb. 2.13/2

Weiterführende Zusammenhänge
– Wie entsteht ein Fernsehbild?
– Fernsehbilder über Satellit,
– Farbbildwiedergabe (additive Farbmischung)

3.2.14 Zwei Lineale auf energetischem Austauschkurs

Geräte und Materialien
1. Zwei gleiche Kunststofflineale mit Loch, 30 oder 40 cm lang
2. zwei gleiche Tonnenfüße oder Tischklemmen
3. zwei gleiche Isolierstiele o. ä.
4. zwei gleiche Stricknadeln
5. zwei Trinkhalme
6. ein Wolltuch

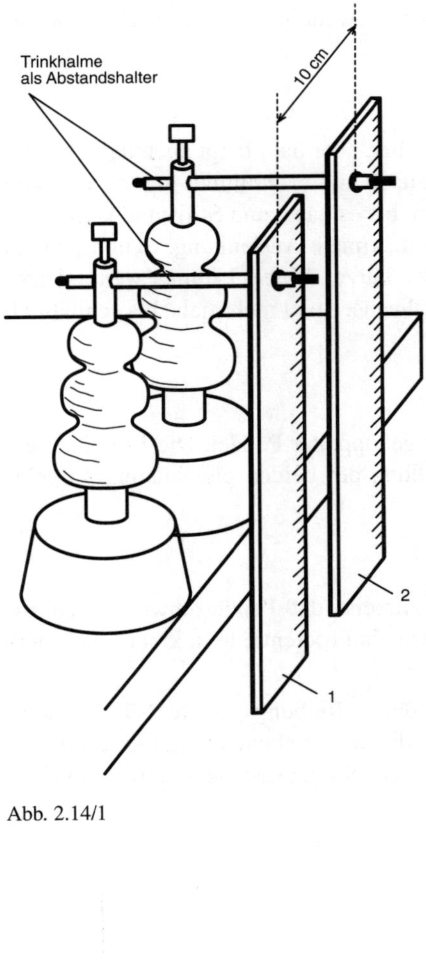

Abb. 2.14/1

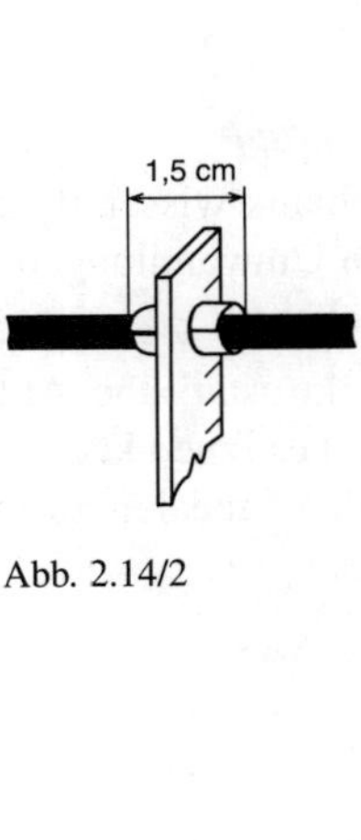

Abb. 2.14/2

Beschreibung und Durchführung

Die Isolierstiele werden in den Tonnenfüßen festgeschraubt und die Stricknadeln in die Querlöcher so eingespannt, daß sie in gleicher Höhe parallel zueinander weit über die Tischkante hinausragen. Damit die Lineale später exakt in einer Ebene schwingen, sollten noch zwei gleichlange Trinkhalme zugeschnitten und auf die Stricknadeln als Abstandshalter geschoben werden. Außerdem empfiehlt es sich, zwei kurze Stücke eines dicken Trinkhalms der Länge nach aufzuschneiden und durch die Löcher der Lineale zu schieben (s. Abb. 2.14/2).

Nachdem die Lineale auf die Stricknadeln gesteckt sind, wird probiert, ob sie in gleicher Ebene schwingen.

Nach diesen Vorbereitungen kann mit dem eigentlichen Versuch begonnen werden. Die beiden Lineale werden kräftig mit dem Wolltuch gerieben und aufgesteckt. Mit einem Nichtleiter (z. B. Schreibstift oder Trinkhalm) wird dann Lineal 1 ausgelenkt, indem es an das zweite herangeführt wird, ohne es zu berühren und dann losgelassen.

Ergebnis

Lineal 1 schwingt zunächst frei hin und her, aber bald fängt auch das Lineal 2 damit an. Seine Auslenkungen werden nach und nach immer größer, während die des Lineals 1 immer kleiner werden, bis es ganz zum Stillstand kommt. In dem Augenblick erreicht Lineal 2 die maximale Auslenkung. Schon geht es umgekehrt, Lineal 2 schwingt kürzer und kürzer, Lineal 1 immer weiter. Unter Abschwächung wiederholt sich dieses Wechselspiel mehrmals, bis schließlich beiderseits Stillstand eintritt.

Erklärung

Es handelt sich um ein System zweier gekoppelter Pendel. Die Kopplung erfolgt durch die elektrostatische Abstoßung der beiden gleichnamig aufgeladenen Lineale.

Möglicher Konflikt

Aus der Mechanik wissen die Schüler zumeist, daß Pendelschwingungen mit energetischen Umwandlungen verbunden sind (potentielle in kinetische Energie und umgekehrt).

Auch die elektrostatische Aufladung durch Reibung könnte bekannt sein. Trotzdem wird es ihnen kaum gelingen, die beschriebenen Vorgänge zwischen den pendelnden Linealen zu durchschauen. So geraten sie in einen Konflikt der Gruppe B.

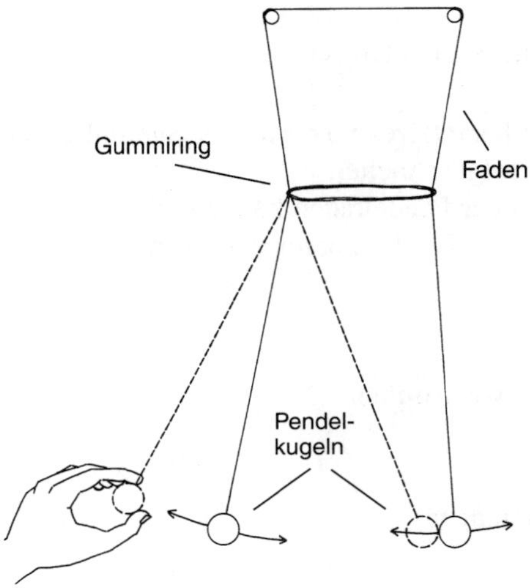

Abb. 2.14/3

Einsatz im Unterricht

Vom Wechselspiel der Pendelbewegungen der durch elektrische Kräfte gekoppelten Lineale geht eine faszinierende Wirkung aus. Die Schüler beobachten erstaunt, wie sich ganz ohne beobachtbare Ursache der periodische Ablauf zwischen Bewegung und Ruhe vollzieht. Dadurch entsteht eine starke Motivation, das Geheimnis zu lüften.

Zunächst sollte das Pendelschwingen der Lineale ohne elektrische Aufladung (d. h. ohne Koppelung) erfolgen. Lassen wir Lineal 1 schwingen, so bleibt Lineal 2 in Ruhe, ebenso umgekehrt. Nach der elektrischen Aufladung sollten die Schüler die Schwingungsvorgänge längere Zeit beobachten und ausführlich beschreiben. Zum Verständnis der Koppelung der beiden Pendel kann dann ein Versuch aus der Mechanik beitragen, der sich einfach bewerkstelligen läßt:
Vom Lehrer vorbereitet, wird ein Faden mit zwei Pendelkugeln über die beiden Stricknadeln des vorigen Versuchs gelegt, so daß die Kugeln in gleicher Höhe hängen. Dann wird ein Paketgummi über die beiden herabhängenden Fäden gezogen, wie die Abbildung es zeigt (Fäden etwas gespannt). Lenkt man nun ein Pendel aus und läßt dann los, so ereignet sich das gleiche Wechselspiel des Energieaustausches wie im vorigen Versuch.

Die Schüler werden bald erkennen, daß hier die Kopplung durch den gespannten Gummifaden erfolgt, während sie zuvor durch das elektrische Feld verursacht worden ist. Ein tiefergehendes Verständnis sollte bei Schülern der Sekundarstufe I nicht angestrebt werden.

Weiterführende Zusammenhänge
Reizvoll ist auch, Varianten des Versuchs zu untersuchen.

Hier einige Beispiele:
- Die Kopplung der Pendelfäden durch strafferes Spannen des Gummibandes verstärken: der Energieaustausch erfolgt schneller,
- zwei unterschiedlich lange Lineale oder Pendelfäden koppeln: der Energieaustausch erfolgt weniger geregelt, die Pendel kommen z. B. nie völlig in den Ruhestand.

3.2.15 Magnetischer Wirrwarr um zwei Spulen

Geräte und Materialien
1. U-Kern
2. zwei gleiche Spulen (ca. 1200 Windungen)
3. Gleichspannungsquelle (3 V)
4. drei Verbindungsleitungen
5. Eisennagel (ca. 15 cm lang) oder Joch
6. Stativmaterial

Beschreibung und Durchführung
Der Versuch sollte vor dem Unterricht vom Lehrer ausprobiert werden, so daß an den Enden des U-Kernes gleichnamige Magnetpole entstehen. Die Spulen müssen dazu in entgegengesetztem Sinn vom Strom durchflossen werden, d. h. die beiden Spulenausgänge (oder -eingänge) sind zu verbinden. Entsprechend diesen Vorbereitungen wird im Unterricht zunächst nur die Spule A auf den U-Kern gebracht und an die Spannungsquelle angeschlossen. Dann steckt man zusätzlich die Spule B auf den U-Kern und schaltet sie mit Spule A zusammen. Mit dem Eisennagel wird dann die magnetische Anziehung geprüft.

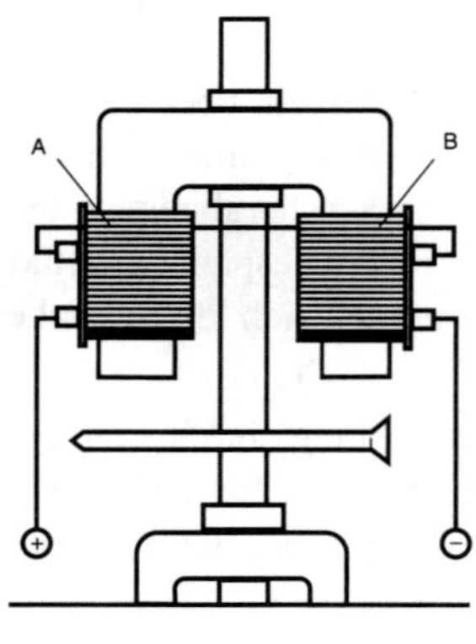

Abb. 2.15

Ergebnis

Mit einer Spule wird der Nagel angezogen, mit zwei Spulen erfolgt bei entsprechender Polung keine magnetische Anziehung.

Erklärung

Die Spule mit Eisenkern ist ein Elektromagnet, der bei Stromdurchfluß einen Nord- und einen Südpol bildet und deshalb den Eisennagel anzieht. Zwei Spulen auf dem U-Kern können so geschaltet werden, daß am Ende des U-Kerns gleichnamige Pole entstehen, so daß keine magnetische Anziehung erfolgt. Durch Umdrehen einer Spule bzw. Umpolung werden an den Enden des U-Kerns Nord- und Südpol gebildet, so daß die erwartete magnetische Anziehungskraft auftritt.

Möglicher Konflikt

Im Unterricht haben die Schüler erfahren, daß mit Erhöhung der Windungszahl der Spule auch die magnetische Wirkung erhöht wird. Sie gehen deshalb davon aus, daß zwei Spulen eine stärkere Anziehung bewirken als eine. Da im Versuch das Gegenteil eintritt, geraten sie in einen Konflikt zwischen dem bisher Gelernten und der unerwarteten Beobachtung. Gruppe C. Einige sehen allerdings nur den Widerspruch zwischen beiden Beobachtungen. Gruppe A.

Einsatz im Unterricht

Der verblüffende, unerwartete Ausgang des Versuchs führt zu der Frage, wie die an einer Spule beobachtete magnetische Wirkung durch Zuschalten einer zweiten Spule so plötzlich verschwinden kann.

Die Schüler vermuten, es könne ein Defekt oder ein Schaltfehler vorliegen und machen allerlei Vorschläge (z. B. Anschlüsse vertauschen, Spule falsch herum auf Kern gesetzt). Entsprechende Änderungen am Versuchsaufbau führen schließlich zum Erfolg. Die erwartete magnetische Verstärkung tritt ein, wenn die Anschlüsse an einer Spule umgetauscht werden oder eine Spule umgekehrt auf den Kern gesetzt wird. Die Magnetpole können jeweils mit einer Kompaßnadel bestimmt werden.

Eine Begründung für dieses merkwürdige Verhalten der Spule wird erst möglich, wenn die magnetischen Wirkungen, die von der Spule ausgehen, planmäßig untersucht worden sind. Mit Spule und Kompaß ergeben sich auch für Schülerversuche gute Möglichkeiten:

Versuch	Ergebnis
1. Indem der Kompaß im Abstand um die Spule herumgeführt wird:	die stromdurchflossene Spule hat einen Nord- und einen Südpol,
2. indem ein Kompaß vor die Spulenöffnung gestellt wird und die Anschlüsse an der Spannungsquelle umgepolt werden:	die Polarität der Spule hängt von der Stromrichtung ab,
3. indem ein stromführender Leiter über einen Kompaß gehalten und die Anschlüsse an der Spannungsquelle umgepolt werden:	um den stromführenden Leiter entsteht ein Magnetfeld, dessen Richtung von der Stromrichtung abhängt (Bestimmung der Feldrichtung durch Rechte-Hand-Regel),
4. Voraussage und Bestimmung des Windungssinns einer Spule:	Ermittlung durch Anwendung der Rechte-Hand-Regel!

Mit den gewonnenen Einsichten können die Schüler nun begründen, wann und warum der Nagel von den beiden Spulen angezogen bzw. nicht angezogen wird.

Weiterführende Zusammenhänge
Anwendung des Elektromagnetismus z. B. bei:
– Relais,
– Klingel,
– Lautsprecher.

3.2.16 Zwei Magnetpendel im Gleichschwung

Geräte und Materialien
1. Zwei Hufeisenmagnete A und B
2. zwei gleiche Spulen (z. B. je 1200 Windungen)
3. zwei Verbindungsleitungen (ca. 50 cm lang)
4. zwei Schnüre für die Schaukeln (ca. 70 cm lang)
5. Stativmaterial

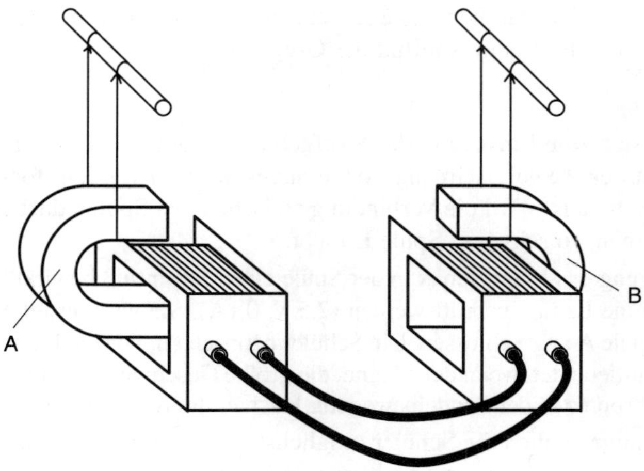

Abb. 2.16/1

Beschreibung und Durchführung

Die beiden Hufeisenmagnete werden bifilar gleich hoch aufgehängt. Jeder Magnet taucht im Stillstand der Schaukel mit einem Pol einige Zentimeter in die Spule ein. Der andere Pol des Magneten befindet sich über der Spule. Mit den Leitungen werden die Spulen miteinander verbunden.

Der Magnet (A) wird nun angestoßen, so daß er frei schwingen kann.

Ergebnis

Der Magnet (B) beginnt gleichfalls zu pendeln, und zwar im gleichen Rhythmus wie Magnet A.

Erklärung

Die Pendelbewegung des Magneten A bewirkt, daß sein Magnetfeld die Windungen der Spule „schneidet" und durch Induktion an ihren Enden eine Wechselspannung anliegt (Generatorprinzip). Durch die Spule B fließt ein Wechselstrom der dort ein magnetisches Wechselfeld erzeugt (Motorprinzip). Der Pol des Magneten B wird deshalb auch wechselnd angezogen und abgestoßen und gerät dadurch im gleichen Rhythmus in Schwingungen.

Eine Umkehr der Bewegungsrichtungen bei den Pendelbewegungen beider Magnete läßt sich bewerkstelligen, indem ein Magnet umgedreht bzw. eine Leitung an einer Spule vertauscht wird.

Möglicher Konflikt

Spulen haben die Schüler bisher lediglich als notwendige Bestandteile von Elektromagneten kennengelernt. Die beobachteten Vorgänge beim „Magnetschaukeln" können sie sich damit nicht erklären, zumal Spannungsquellen nicht beteiligt sind. So entsteht ein Konflikt der Gruppe B.

Einsatz im Unterricht

Der Versuch eignet sich zum Einstieg in das Stoffgebiet „Induktion". Der verblüffende Effekt, daß eine Spule schwingt, ohne angestoßen zu werden, fordert zu Vermutungen heraus. Wird die Verbindung zwischen den Spulen durch Leitungen unterbrochen, so schwingt Spule B nicht.

Ob die Pendelbewegung des Magneten A in der Spule einen Stromfluß bewirkt? Das kann z. B. mit eine Lampe geprüft werden (2,5 V, 0,1A). Sie wird anstelle der Spule B an die Spule A angeschlossen. Die Schüler beobachten, wie die Lampe immer dann hell aufleuchtet, wenn der Magnet die größte Geschwindigkeit erreicht. In den Umkehrpunkten der Pendelbewegung leuchtet die Lampe nicht.

Genauere Beobachtungen sollen die Schüler möglichst im Schülerversuch anstellen (falls das Gerät in genügender Anzahl zur Verfügung steht):

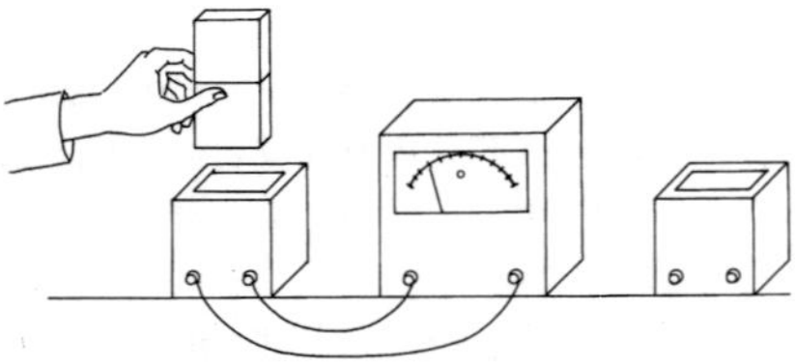

Abb. 2.16/2

Versuch	Ergebnis
1. Den Stabmagneten unterschiedlich schnell in die Spule stoßen und herausziehen.	Je schneller der Magnet in die Spule stößt, desto größer die magnetische Feldänderung, desto größer die induzierte Spannung. Der Zeiger zeigt jeweils die Stromrichtung an.
2. Den Stabmagneten mit etwa gleicher Geschwindigkeit nacheinander in Spulen unterschiedlicher Windungszahl stoßen und herausziehen.	Je größer die Windungszahl, desto größer die Spannung.
3. Die Versuche 1 und 2 wiederholen, indem nicht der Magnet, sondern die Spule bewegt wird.	Für das Ergebnis ist es unerheblich, ob die Spule oder der Magnet bewegt wird.

Mit den gewonnenen Einsichten können die Schüler nun die Vorgänge beim Magnetpendeln beschreiben.

Weiterführende Zusammenhänge
- Richtung des Induktionsstromes (Lenzsche Regel)
- Fahrraddynamo
- Wechselstromgenerator
- Transformator
- Wirbelstromeffekte

3.2.17 Wiederbelebung einer defekten Leuchtstoffröhre

Geräte und Materialien
1. Eine Leuchtstoffröhre (sie kann, muß aber nicht defekt sein),
2. eine Plastikfolie (z. B. Aktenschutzhülle)

Beschreibung und Durchführung
Im abgedunkelten Raum wird die Leuchtstoffröhre mit der einen Hand festgehalten. Die Folie wird dann mit der anderen Hand auf der Röhre hin und her gerieben (s. Abb. 2.17/1).

Ergebnis
In dem Bereich, in dem die Röhre gerieben wird, leuchtet sie gespenstisch auf. Zieht man die Folie ab, so ist das Leuchten kurzzeitig besonders hell.

Erklärung
Die Leuchtstoffröhre gehört zu den „kalten" Lichtquellen. Ihre Lichtwirkung wird nämlich nicht durch einen zum Glühen gebrachten Heizdraht hervorgerufen (wie bei Glühlampen), sondern durch Stromleitung in der unter niedrigem Druck stehenden Edelgasfüllung in der Röhre. Dazu ist eine hohe Spannung erforderlich. Sie bewirkt, daß Lichterscheinungen auftreten, die im wesentlichen aus ultraviolettem Licht bestehen. Es wird an der Leuchtschicht der Röhre auf der Innenwand in sichtbares Licht umgewandelt.

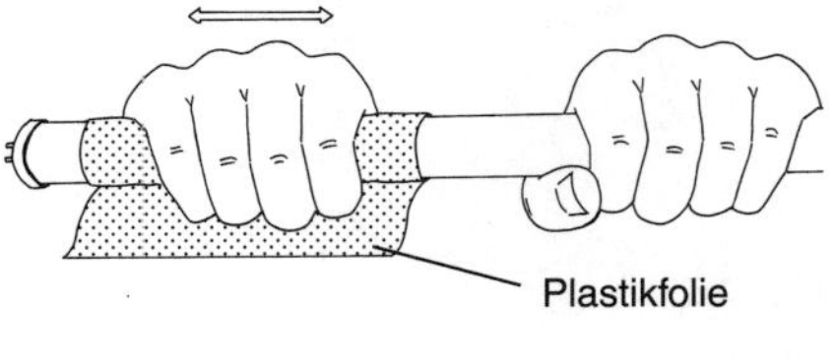

Abb. 2.17/1

Die atomaren Vorgänge der beim Reiben auftretenden Lichterscheinungen lassen sich wie folgt beschreiben:
Während des Reibungsvorganges kommt es zu einer Ladungstrennung, die Plastikfolie wird positiv, die Glasröhre negativ geladen. Das dadurch entstehende elektrische Feld wirkt beschleunigend auf die im Gas vorhandenen freien Elektronen und Ionen. Wächst durch verstärktes Reiben die Spannung, so erhöht sich auch die Geschwindigkeit und damit die Bewegungsenergie der Ladungsträger, so daß mehr und mehr Energie an getroffene Gasmoleküle abgegeben wird. In Form von Lichtblitzen wird diese Energie umgehend wieder abgestrahlt. Bei der Fülle der Zusammenstöße wird so ein gleichmäßiges bläuliches Leuchten hervorgerufen, das dann an der Leuchtschicht als helles, weißes Licht in Erscheinung tritt. Die beim Reiben auftretenden Spannungen sind höher als die zum „Zünden" erforderliche Spannung.

Möglicher Konflikt
Leuchterscheinungen, die durch Elektrizität hervorgerufen werden, verbinden die Schüler durchweg mit der Vorstellung, daß im Stromkreis Drähte zum Glühen gebracht werden, wie das z.B. bei Glühlampen der Fall ist. Diese Theorie übertragen sie zumeist auch auf die Lichtentstehung in der Leuchtstoffröhre. Um so verblüffter sind sie, wenn hier ohne sichtbare Spannungsquelle allein durch Reibung ein Lichteffekt zu beobachten ist. So kommt es zu einem Konflikt der Gruppe B.

Einsatz im Unterricht
Daß man eine Leuchtstoffröhre allein durch Reibung zum Leuchten bringen kann, ist ganz ungewöhnlich und fordert zu Fragen heraus. Von sich aus werden Schüler aber kaum eine Erklärung finden.

Daß die durch Reibung erfolgte Ladungstrennung zu Leuchterscheinungen führen kann, läßt sich immerhin mit Hilfe einer Glimmlampe nachweisen (z. B. auch aus einem Spannungsprüfer mit Schraubendreher):
Ein Styroporblock wird mit einem Wolltuch kräftig gerieben. Berührt man dann die Oberfläche an mehreren Stellen mit der Glimmlampe, so blitzt sie immer wieder kurz auf (Glimmlampe als „Leuchtstofflampe en miniature").

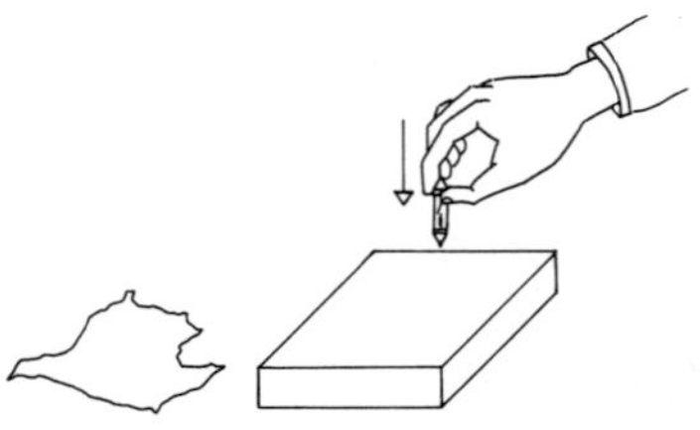

Abb. 2.17/2

Die atomaren Vorgänge, die zum Leuchten führen, sollte der Lehrer unter Berücksichtigung der Verstehensebene der Schüler erläutern.

Die Leuchtstofflampe dürfte auch in anderen Zusammenhängen von Interesse sein:

1. *unter historischem Aspekt,* wenn es darum geht, eine geschichtliche Entwicklungsreihe der Beleuchtung zu erarbeiten,
2. *unter dem Gesichtspunkt der Energiebilanzen,* wenn zwischen dem Wirkungsgrad einer Glühlampe und der Leuchtstofflampe unterschieden wird,
3. *unter technischem Aspekt,* um den Zündmechanismus für hohe Spannung und Betrieb durch Starter und Drosselspule zu verstehen.

Weiterführende Zusammenhänge
- Energiesparlampen,
- Leuchtdiode,
- Solarzelle,
- Photozelle.

3.2.18 „Musik" aus der Leuchtstoffröhre

Geräte und Materialien
1. Ein Rundfunkgerät mit Mikrofon- oder Plattenspielereingang (als Verstärker)
2. ein isolierter Kupferdraht, etwa 1 m lang
3. eine Plastikfolie
4. Tesafilm o. ä.
5. Leuchtstoffröhre

Beschreibung und Durchführung
Der Kupferdraht wird an einem Ende 1-2 cm von der Isolierung befreit. Dieses Stück wird zusammengebogen und als Stecker in eine Kontaktbuchse des Plattenspielereingangs gesteckt, so daß beim Einführen aus dem Lautsprecher ein Brummton ertönt. Damit der Draht nicht wieder herausrutscht, kann man ihn mit Tesafilm am Gehäuse festkleben. Natürlich läßt sich die Verbindung auch über einen passenden Stecker herstellen. An einem Ende wird die Röhre dann mit dem isolierten Kupferdraht umwickelt (etwa zwölf Windungen). Die Leuchtstoffröhre wird dann mit der Plastikfolie gerieben.

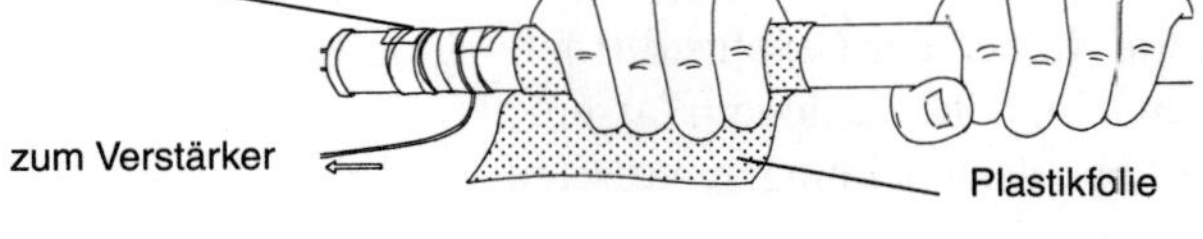

Abb. 2.18

Ergebnis

Bei langsamem Reiben ist aus dem Lautsprecher ein Knacken bzw. Knattern zu hören. Reibt man schneller, so entsteht ein singender, hoher Ton, dessen Frequenz sich mit der Geschwindigkeit verändern läßt. Die Lautstärke nimmt zu, wenn man sich beim Reiben dem aufgewickelten Draht nähert. Im abgedunkelten Raum werden Leuchterscheinungen sichtbar (vgl. Versuch 3.2.17).

Erklärung

Wie im Versuch 3.2.17 beschrieben, erfolgt beim Reiben mit der Folie eine Ladungstrennung, so daß ein elektrisches Feld entsteht. Dessen Stärke wächst beim Reiben mehr und mehr an, bis die Zündspannung erreicht ist, die zur Glimmentladung führt. Durch die rasche Folge der Glimmentladungen entlang der Reibstrecke entstehen elektromagnetische Wellen, die in der Spule Induktionsströme hervorrufen. Im Rundfunkgerät werden sie verstärkt und führen im Lautsprecher zu den beschriebenen Geräuschen und Tönen. Je näher die Gasentladungen zur Spule hin erfolgen, desto stärker ist ihre Auswirkung auf die Lautstärke. Bei rascher Folge der Glimmentladungen durch schnelles Reiben entsteht ein Ton hoher Frequenz, bei langsamer Aufladung dementsprechend ein Knackgeräusch bzw. Knattern.

Möglicher Konflikt

Auch wenn den Schülern bekannt ist, wie die Leuchterscheinungen bei der Leuchtstoffröhre entstehen, und sie bereits wissen, daß Schwingungen eines Schallerregers Töne erzeugen, sind sie zumeist nicht in der Lage, die Zusammenhänge zwischen beiden Theorien auf diesen speziellen Fall anzuwenden. Daß eine Leuchtstoffröhre als Schallquelle dienen kann, erscheint ihnen einfach absurd. Es entsteht ein Konflikt der Gruppe D.

Hinweise zum Unterricht

Der Versuch sollte im Unterricht behandelt werden, wenn die Schüler bereits einige Kenntnisse über die Vorgänge in der Leuchtstoffröhre mitbringen (vgl. z. B. Versuch 3.2.17). Das Erstaunen ist trotzdem groß, wenn die geriebene Röhre im Lautsprecher Töne und Geräusche hervorbringt.

Beim Aufbau und der Durchführung des Versuchs sollte sich der Lehrer möglichst wortkarg verhalten und die Schüler zu Wort kommen lassen, z. B.

- wie der Anschluß zwischen Rundfunkgerät und Leuchtstoffröhre hergestellt wird,
- welche Geräusche beim Reiben der Leuchtstoffröhre zu unterscheiden sind,
- wie sich Lautstärke und Tonhöhe verändern lassen,
- wie beim Abdunkeln Leuchterscheinungen auftreten.

Die Auswertung des Versuchs muß der Verstehensebene der Schüler angepaßt bleiben. Sie könnte z. B. mehr unter technischem Aspekt erarbeitet werden (Leuchtstoffröhre als Erreger von elektromagnetischen Schwingungen, die durch das Rundfunkgerät verstärkt werden, dann im Lautsprecher zur Schwingung der Membrane führen und schließlich als Schallwellen ins Ohr gelangen).

An entsprechenden Stellen sollte aber auch die Gelegenheit zum Wiederholen von Zusammenhängen genutzt werden (z. B. Vorgänge in der Leuchtstoffröhre, Schallerzeugung, Zunahme der Lautstärke mit der Amplitude, der Tonhöhe mit der Frequenz).

Weiterführende Zusammenhänge
- Netzbrummen
- Erzeugung elektronischer Musik

3.2.19 Die tönende Zigarrenkiste – ein Elektromagnet übermittelt Rundfunkmusik

Geräte und Materialien
1. Eine Zigarrenkiste (möglichst aus Holz)
2. ein Eisennagel (4 mm Ø, 8 cm lang)
3. zwei Meter Kupferlackdraht (0,4 mm Ø)
4. ein Rundfunkgerät mit Anschlüssen für Lautsprecher

Beschreibung und Durchführung
Vor dem Unterricht stellt der Lehrer aus Draht und Nagel einen Elektromagneten her: Der Draht wird fest und eng in zwei Schichten von je etwa 100 Windungen um den Nagel gewickelt. Damit er nicht verrutschen kann, sollte man ihn in der Zwischenlage und zum Abschluß mit Tesafilm überkleben. Die beiden Enden des Drahtes werden vom Lack befreit und dann an die Lautsprecherbuchsen des Rundfunkgerätes angeschlossen.

Das Rundfunkgerät wird eingeschaltet und auf volle Lautstärke aufgedreht. Dann wird der Nagelkopf leicht auf die Zigarrenkiste gedrückt.

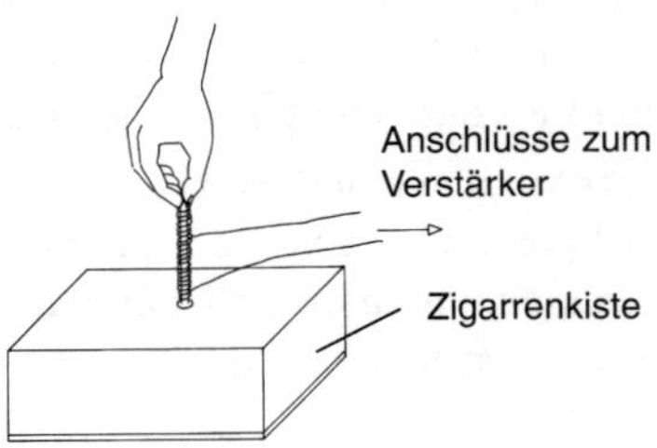

Abb. 2.19

Ergebnis
Man muß den Lautstärkeregler schon voll aufdrehen, damit die geringen Schwingungen hörbar werden. Trotzdem, der Nachweis ist erbracht, daß aus einer Zigarrenkiste – ähnlich wie aus einem Lautsprecher – Musik erklingen kann.

Erklärung
Der Versuch beruht auf der Erscheinung der Magnetostriktion. Die durch Stromstärkeschwankungen am Lautsprecherausgang des Rundfunkgerätes hervorgerufenen dauernden Veränderungen des Magnetfeldes der Spule bewirken nämlich elastische Verformungen des Eisenkerns. Je nach Feldstärke ändert sich die Lage der Atome des Eisens, so daß Längenänderungen eintreten, die bis zu 1/100 000 der Gesamtlänge betragen. Mit unserem Eisenkern würde es $8 \cdot 10^{-7}$ ausmachen. Das liegt in der Größenordnung der Wellenlänge des sichtbaren Lichtes.

Die Längenänderungen reichen aus, die Zigarrenkiste zum Mitschwingen anzuregen, so daß Töne aus dem Rundfunkgerät hörbar werden.

Möglicher Konflikt
Auch wenn den Schülern bekannt ist, daß Töne durch Schwingungen entstehen und sie Grundkenntnisse über Elektromagnetismus besitzen, können sie sich damit nicht erklären, wie in diesem Falle die Tonwiedergabe erfolgt. Sie geraten deshalb in einen Konflikt der Gruppe B.

Hinweise zum Unterricht
Mit dem Versuch ist im Prinzip die Erfindung von Johann Philipp Reis nachgebaut worden, mit der er 1861 das erste funktionierende Telefon vorgeführt hat. Die Schüler können so an die Ursprungssituation herangeführt werden, die das „Fernsprechzeitalter" einläutete.

Der Lehrer kann zunächst zeigen, daß der mit Draht umwickelte Nagel einen Elektromagneten darstellt, indem er eine Verbindung zu einer Spannungsquelle herstellt und Eisenteile (z. B. kleine Nägel oder Reißzwecken) damit anzieht. Zur allgemeinen Verblüffung bringt er dann durch Anschluß des Magneten an die Lautsprecherbuchsen die Zigarrenkiste zum Tönen. Dabei erklärt er, daß ein solcher Versuch bereits 1861 von Reis durchgeführt worden ist.

Eine der Altersstufe entsprechende Erklärung der Vorgänge und die Unzulänglichkeit der Tonwiedergabe führen dann zu der Frage, wie heute Lautsprecher funktionieren. Um technischen Fortschritt zu zeigen, sollte abschließend anstelle des Reis'schen Apparates ein Lautsprecher von heute zum Tönen gebracht werden.

Weiterführende Zusammenhänge
– Wie ein Lautsprecher funktioniert,
– Hörkapsel und Kohlekörnermikrofon,
_ Nachrichtenübermittlung durch Telefon,
– Nachrichtenspeicherung (Schallplatte, Tonband)

3.3 Farben, Licht und Blitze

3.3.1 Die lichtstreuende Sammellinse

Geräte und Materialien
1. Glaswanne mit Wasser
2. Experimentierlampe mit Blende zur Erzeugung paralleler Lichtstrahlen
3. zwei Uhrgläser
4. Kitt oder Klebstoff
5. Linsenhalterung und Stativfluß

Beschreibung und Durchführung
Zwei Uhrgläser werden an ihren Rändern wasserdicht verklebt oder verkittet. Es entsteht eine Sammellinse, die im Innern Luft enthält. Diese Linse wird in eine Halterung eingespannt und an einem Stativfuß befestigt. Diese Anordnung stellt man in eine größere Glaswanne, die entsprechend der Skizze (Abb. 3.1/1) mit Wasser aufzufüllen ist.
Anschließend wird die Lampe so ausgerichtet, daß die Lichtstrahlen parallel zur optischen Achse der Linse verlaufen. Zur besseren Beobachtung des Strahlenverlaufs sollte das Wasser mit Hilfe von Kaliumpermanganat leicht eingefärbt werden.

Ergebnis
Die parallelen Lichtstrahlen werden sich hinter der Linse nicht in einem Brennpunkt treffen, sondern sich, wie bei einer Konkavlinse, zerstreuen.

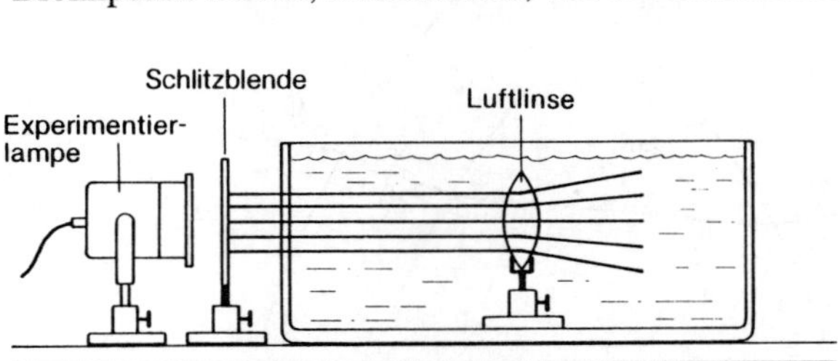

Abb. 3.1/1: Eine Bikonvexlinse mit Lufteinschluß wirkt unter Wasser wie eine Konkavlinse

Erklärung
Bei einer Bikonvexlinse in Luft konvergieren parallel zur optischen Achse verlaufende Lichtstrahlen, so daß sie sich im Brennpunkt der Linse treffen. Ursache ist die Brechung bei den Übergängen Luft-Glas (zum Einfallslot hin) und Glas-Luft (vom Einfallslot weg). Die Brechungswinkel lassen sich über das Verhältnis der Brechzahlen bestimmen. Würde man diese Linse unter Wasser mit parallelen Lichtstrahlen beleuchten, so würde sich am Strahlenverlauf nichts ändern, nur die Brennweite wäre größer.

Die im Experiment verwendet „Luftlinse" bewirkt wegen der zusätzlichen Brechung an der eingeschlossenen Luftschicht – siehe hierzu den Strahlengang in der Skizze (Abb. 3.1/2) – einen divergierenden Strahlengang.

Möglicher Konflikt
Entsprechend ihren bisherigen Erfahrungen aus dem täglichen Leben (Brenngläser) wie auch aus Erkenntnissen des Unterrichts (Strahlengang durch eine Sammellinse) erwarten die Schüler, daß sich die Strahlen hinter der Linse im Brennpunkt treffen.

Bei der Durchführung des Versuchs kommt es wegen des Widerspruchs zwischen ihrem bisherigen Wissen und der Beobachtung zu einem Konflikt nach Gruppe C.

Einsatz im Unterricht
Den Schülern waren die Gesetzmäßigkeiten der Lichtbrechung bekannt. Sie waren auch in der Lage, den Verlauf achsenparalleler Strahlen durch Konkav- und Konvexlinsen anzugeben. Auf dieser Basis führten wir den Versuch vor,

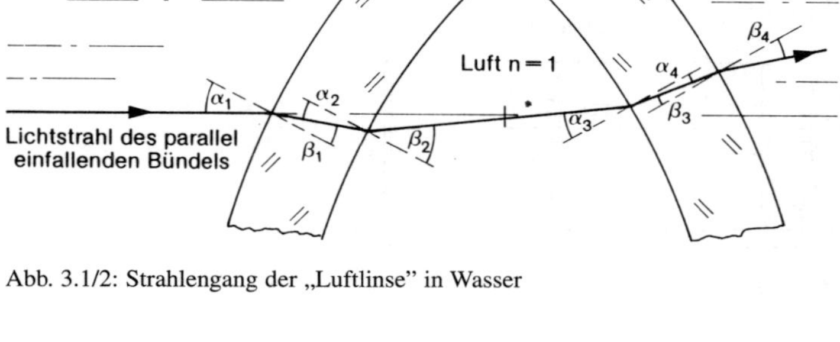

Abb. 3.1/2: Strahlengang der „Luftlinse" in Wasser

um das bisher Gelernte zu wiederholen. Wir gaben den Schülern eine Skizze der Linse (s. Abb. 3.1/2 ohne Strahlengang) vor, in die der Strahlengang eingezeichnet werden sollte.

Weiter Zusammenhänge
- Wie ist der Strahlenverlauf durch eine Bikonvexlinse unter Wasser? (Wichtig für Aufnahmen mit einer Unterwasserkamera)
- Die beiden zusammengeklebten Uhrgläser werden mit anderen Medien gefüllt (z. B. Wasser n = 1,33). Welcher Strahlenverlauf ist zu erwarten?

3.3.2 Wo kommen die Farben her?[1)]

Geräte und Materialien
1. Spiegelstreifen mit einer Länge von ca. 10 cm und einer Breite von ca. 0,5 cm
2. Gegenstand, der dem Spiegelstreifen Halt gibt, wie z. B.: M 10-Mutter, Schlüsselbund oder Geldstücke
3. flache Plastikschale
4. Experimentierleuchte

Beschreibung und Durchführung

a) ohne Wasser:

Der Lichtstrahl einer Experimentierleuchte wird so auf den Spiegelstreifen gerichtet, daß ein heller Lichtfleck an der Wand zu sehen ist.

b) mit Wasser:

Langsam wird Wasser in die Schale gegossen, bis der Spiegel deutlich bedeckt ist.

Ein Spiegelstreifen ist am einfachsten durch Abkleben eines Taschenspiegels mit Isolierband herzustellen. Will man ein wenig auf Newtons Spuren wandeln, sollte der Versuch mit Sonnenlicht durchgeführt werden (s. Abb. 3.2/1).

Ergebnis

a) Kaum ein Schüler wird sich darüber wundern, daß an der Wand ein heller Lichtfleck zu sehen ist.

b) Sobald der Spiegelstreifen sich unter Wasser befindet, taucht an der Wand ein erstaunlich schönes Farbspektrum auf.

---

1) vgl. *Frauenberger, F.*: Ein Sonnenspektroskop. Physik und Didaktik 6. (1978). H 1 S. 82f.

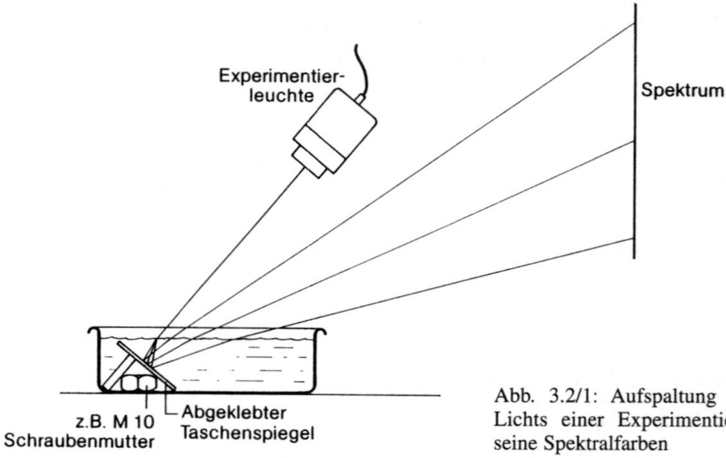

Abb. 3.2/1: Aufspaltung des weißen Lichts einer Experimentierleuchte in seine Spektralfarben

Erklärung

Der Streifen wirkt als Spalt und Spiegel zugleich; das Wasser über dem Spiegel als Prisma. Der Brechungsindex des Wassers hängt von der Wellenlänge des eingestrahlten Lichtes ab. Langwelliges Licht wird stärker gebrochen als kurzwelliges (normale Dispersion). Das weiße Licht der Glühlampe wird in seine Spektralfarben zerlegt.

Möglicher Konflikt

Es kommt zu einem Konflikt zwischen zwei Beobachtungen der Schüler. Ein nur geringer Unterschied zwischen den beiden Teilversuchen führt zu einer großen Wirkung. Gruppe A.

Für die meisten Schüler ist Wasser ein lichtdurchlässiger Stoff, wie etwa Luft, und somit gibt es für die leuchtenden Farben keine Erklärung. Auch wenn einige Schüler sich an Farberscheinungen im Zusammenhang mit Wasser erinnern (Ecke eines Aquariums, Duschen im Freien bei Sonnenschein usw.) wird es dennoch zu einem gedanklichen Konflikt kommen. Man kann das Vorwissen sogar als eine zusätzliche Hilfe nutzen, da bei der Erklärung des Phänomens an Beobachtungen der Schüler angeknüpft werden kann.

Einsatz im Unterricht

Der Versuch hat den Vorteil, daß er leicht von Schülern als Hausarbeit für eine Stunde vorbereitet werden kann.

Wir setzen dieses Experiment als Einstieg für mehrere Stunden zur Dispersion ein. Die Schüler sollten am Ende dieser Unterrichtseinheit verschiedene Phänomene (siehe weitere Zusammenhänge) erklären können.

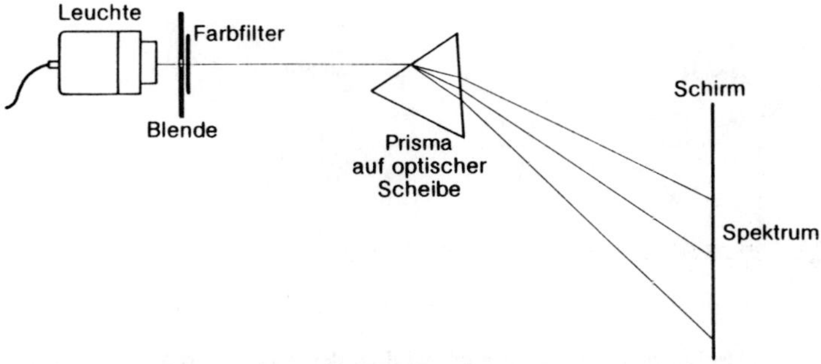

Abb. 3.2/2: Schülerexperiment zur Untersuchung der Dispersion

Die Gesetzmäßigkeiten zur Brechung und zur Reflexion waren aus den vorhergehenden Stunden bekannt.

Nach der Durchführung des Experiments folgte ein Unterrichtsgespräch. Dabei konnten die Schüler kaum zur Lösung des Problems beitragen. Sie berichteten allerdings von ähnlichen Beobachtungen (s. o.), die dazu paßten, aber auch von Farberscheinungen, die auf Interferenz zurückzuführen waren.

Für die Suche nach einer Erklärung stellten wir den Schülern den Versuch (Abb. 3.2/2) zur Verfügung. Die Blende konnte mit verschiedenen Farbfiltern abgedeckt werden. Dadurch wurde deutlich, daß die verschiedenen Spektralanteile des Lichtes unterschiedlich stark gebrochen werden. Am Ende der Stunde wurde noch einmal auf den Ausgangsversuch eingegangen, um die Lösung des Problems zu erarbeiten.

Abschließend sollte man den Unterschied zwischen Phänomenen, die auf Dispersion und solchen, die auf Interferenz zurückzuführen sind, deutlich herausarbeiten.

Weitere Zusammenhänge

– Spektrum, wie es beim Lichtdurchgang in den Ecken eines Aquariums entsteht
– Blaue oder rote Farbstreifen an den Rändern von Steinen in einem Bach
– Farbige Säume bei den Bildern einfacher Ferngläser

3.3.3 Jeder Schuß geht daneben

Geräte und Materialien

1. größeres Glasgefäß (pneumatische Wanne)
2. Glasrohr, Ø ca. 4 mm mit einer Länge von 20 bis 30 cm
3. Plastilinkugel, Ø ca. 1 cm
4. Schweißdraht, Länge etwa 100 cm

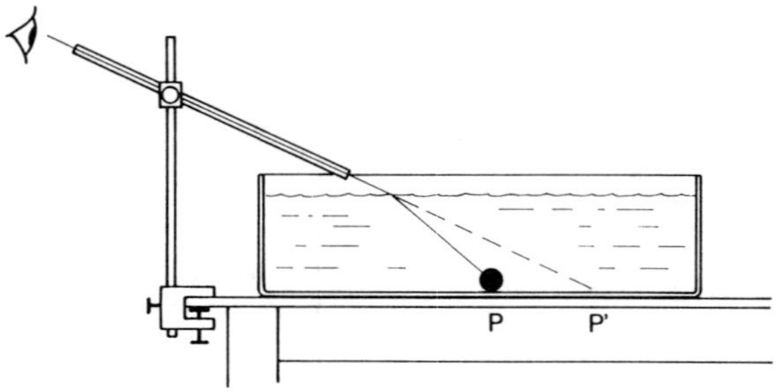

Abb. 3.3: Das an der Plastilinkugel reflektierte Licht wird an der Wasseroberfläche gebrochen. Die gestrichelte Linie deutet den scheinbaren Lichtweg an.

Beschreibung und Durchführung

Mit einem Glasrohr, welches drehbar an einer Stativstange befestigt ist, wird eine Plastilin-Kugel auf dem Boden eines mit Wasser gefüllten Glasgefäßes anvisiert. Sobald der Beobachter die Kugel sieht, stellt er das Glasrohr fest. Nun wird ein gerader Schweißdraht in das Glasrohr gesteckt und bis zum Boden des Glasgefäßes durchgeschoben. Damit soll kontrolliert werden, ob das Ziel richtig anvisiert wurde.

Ergebnis

Die Drahtspitze verfehlt das Ziel und berührt den Gefäßboden hinter der Kugel im Punkt P' (s. Abb. 3.3).

Erklärung

Licht wird beim Übergang vom dichteren ins dünnere Medium vom Lot weg gebrochen. Somit erscheint ein Gegenstand am Gefäßboden dem Beobachter weiter entfernt, als dies tatsächlich der Fall ist. Schiebt man nun den Draht durch das Glasrohr, so kann die Kugel nicht getroffen werden. Vielmehr berührt die Drahtspitze den Gefäßboden dort, wo sich die Kugel vermeintlich befindet, nämlich im Punkt P'.

Möglicher Konflikt

Die Schüler sind sich sicher, die Plastilinkugel durch das Glasrohr anzuvisieren. Sie entwickeln einen besonderen Ehrgeiz, wenn schon einige Klassenkameraden gescheitert sind, da sie den Fehler beim Ausrichten des Glasrohres vermuten. Erst wenn die Schüler den Versuch selbst durchgeführt haben, schließen sie diese Fehlerquelle aus. Der sich nun aufbauende Konflikt ist der Gruppe B und teilweise auch der Gruppe C zuzuordnen. Bei den Schülern hat sich die „Theorie" verfestigt, daß sich Licht nur geradlinig ausbreitet. Diese „Erfahrung", die sie täglich machen, steht im Widerspruch zu der Beobachtung im Experiment.

Einsatz im Unterricht

Dieses Experiment wurde als Einstiegsversuch zur Lichtbrechung eingesetzt. Obwohl die Schüler, nicht zuletzt wegen des verblüffenden Versuchsergebnisses, um Lösungsansätze bemüht waren, mußten ihnen weitere Hilfen angeboten werden. Dies erfolgte durch Ergänzungsversuche, die das Phänomen der Berechnung verdeutlichten:

- Anstelle des Schweißdrahtes wird ein Laserstrahl durch das Glasrohr geschickt, der zu einem Volltreffer führte. Hat man nur einen gebündelten Lichtstrahl zur Verfugung, so läßt man ihn parallel zum Glasrohr ins Wasser eintreten.
- Nachdem wir das Wasser aus dem Gefäß ablaufen ließen, stellten die Schüler fest, daß das anvisierte Ziel aus dem Blickfeld verschwunden war.

Um den Verlauf des an der Kugel reflektierten Lichtes nachzuweisen, wurde der Lichtstrahl schräg von unten auf den Gefäßboden gerichtet. Dazu schoben wir das Glasgefäß etwas über die Tischkante hinaus. Der Lichtstrahl trat nun in das Gefäß ein, streifte die Plastilinkugel, wurde an der Wasseroberfläche gebrochen und traf die Öffnung des Glasröhrchens.

Hierbei bot sich die Gelegenheit, auf die „Sehstrahltheorie" einzugehen, denn viele Schüler sind der Meinung, daß man Gegenstände durch Lichtstrahlen wahrnimmt, die vom Auge zum Objekt verlaufen.

Zur besseren Beobachtung des Lichtstrahls wurde der Raum abgedunkelt und das Wasser durch geringe Mengen Kaliumpermanganat eingefärbt. Oberhalb der Wasseroberfläche ließ sich der Lichtstrahl nachweisen, indem wir ein Stück Karton an den Lichtstrahl hielten. Ziel der Stunde waren qualitative Aussagen zum Phänomen der Lichtbrechung und zum Brechungsgesetz.

Quantitative Untersuchungen mit Hilfe eines gläsernen Halbzylinders auf der optischen Scheibe blieben der nächsten Unterrichtsstunde vorbehalten.

Weitere Zusammenhänge

- Siehe Versuch 3.3.1
- Fischen der Naturvölker mit dem Speer
- Gegenstände wirken beim Eintauchen in Flüssigkeiten geknickt
- Es gibt Fische, die Insekten über der Wasseroberfläche „abschießen" können, obwohl sich ihre Augen beim Zielen unter Wasser befinden.

3.3.4 Die verschwundene Münze

Geräte und Materialien

1. zwei gleiche Marmeladengläser
2. zwei gleiche Münzen (z. B. Zehnpfennigstücke)
3. zwei gleiche Deckel zum Abdecken der Gläser (z. B. Bierdeckel)
4. ein Gefäß mit Wasser, um ein Marmeladenglas mit Wasser füllen zu können

Beschreibung und Durchführung

Die beiden Gläser mit den Deckeln darauf werden nebeneinander auf den Tisch gestellt. Dann wird je eine Münze davorgelegt. Zunächst stellt man die beiden Gläser ohne Wasser auf die Münzen, so daß diese darunter zu sehen sind. Dann werden die beiden Gläser zurückgestellt.

Nachdem ein Glas mit Wasser gefüllt ist, wird wieder der Deckel darauf gelegt, so daß die Schüler nicht von oben hineinsehen können (Abb. 3.4a). Dann setzt man die beiden Gläser erneut auf die Münzen (Abb. 3.4b).

Ergebnis

Solange nur Luft in den Gläsern ist, sind die Münzen von der Seite deutlich zu erkennen. Stellt man das Glas mit Wasser darauf, so scheint hier die Münze verschwunden zu sein.

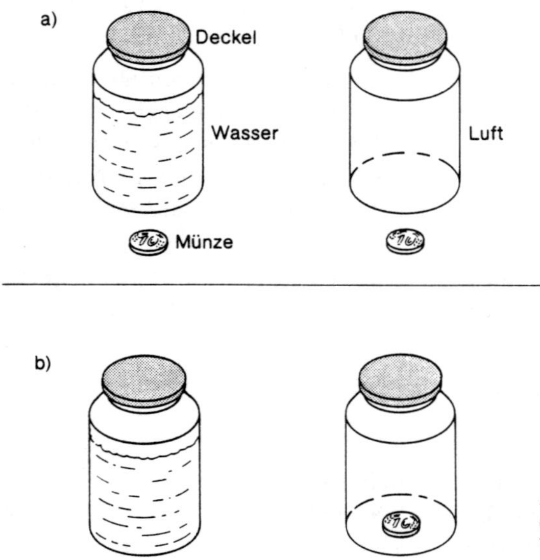

Abb. 3.4: Lichtbrechung bewirkt, daß die Münze unter dem Glas mit Wasser unsichtbar ist

Erklärung
Das scheinbare Verschwinden der Münze hängt mit der Lichtbrechung zusammen. Während das von den Münzen reflektierte Licht auf seinem Weg durch Glas und Luft ins Auge gelangt, wird es beim Durchgang durch das Wasser so abgelenkt, daß es bei der Betrachtung von der Seite nicht mehr im Auge ankommt. Die Münze bleibt dadurch für den Beobachter „unsichtbar".

Möglicher Konflikt
Sehvorgänge versuchen die Schüler zumeist mit Hilfe der Sehstrahltheorie zu deuten. Da ihnen sowohl Luft als auch Wasser und Glas als „durchsichtig" erscheinen, können sie sich das „Verschwinden" der Münze damit aber nicht erklären. So kommt es zu einem gedanklichen Konflikt zwischen dieser heimlichen Theorie und den neuen Beobachtungen. Gruppe B

Auch ein Konflikt lediglich aus dem Vergleich der Beobachtungen ist möglich. Gruppe A.

Einsatz im Unterricht
Wenn unerwartet deutlich Sichtbares auf geheimnisvolle Weise verschwindet, ist das Interesse an Aufklärung groß. Das gilt sowohl für Kinder als auch für Erwachsene. So motiviert gerade dieser Versuch dazu, Überlegungen darüber anzustellen, was beim Sehen eigentlich geschieht. Daß die Münze nicht wirklich verschwunden ist, können die Schüler feststellen, wenn der Deckel abgenommen wird und sie von oben in das Glas hineinsehen. Im Unterrichtsgespräch gilt es dann herauszuarbeiten, daß Gegenstände nur dann vom Auge erfaßt werden, wenn das vom Gegenstand reflektierte Licht ins Auge gelangt. Ob durch das Wasser eine Ablenkung erfolgt, so daß die Strahlen nicht mehr im Auge ankommen, gilt es dann systematisch in Experimenten zu untersuchen.

Weitere Zusammenhänge
– Brechung und Totalreflexion
– Fata Morgana als Anwendung der Totalreflexion
– Glasfasertechnik

3.3.5 Der unsichtbare Glasstab

Geräte und Materialien
1. Glasstab
2. zwei Bechergläser
3. zwei Experimentierleuchten
4. Azeton
5. Benzol

Beschreibung und Durchführung

2,3 Teile Azeton und 10 Teile Benzol werden in ein Becherglas gegeben und verrührt. Daneben steht ein Becherglas mit Wasser auf dem Experimentiertisch. Der Glasstab wird vor den Augen der Schüler zunächst in das Glas Wasser gesteckt, erst dann in die Azeton/Benzol-Lösung. Die Schatten beider Gläser werden auf eine Leinwand projeziert (Abb. 3.5).

Ergebnis

Im Wasser ist der Glasstab noch gut erkennbar und in der Projektion tritt er als Schatten auf. Taucht er in das andere Becherglas, wird er unsichtbar. Auch in der Projektion ist kein Schatten mehr zu finden.

Erklärung

Die Lösung aus Benzol und Azeton hat den gleichen Brechungsindex wie der Glasstab. Daher verhalten sich die beiden Stoffe für Licht wie ein einziges Medium.

Möglicher Konflikt

Die Schüler müßten aus den vorhergegangenen Stunden als Voraussetzungen die Gesetzmäßigkeiten zur Reflexion und zur Brechung kennen, um ihre Beobachtung erklären zu können. Die neuen Kenntnisse sind aber noch nicht so weit gefestigt, daß die Schüler auf sie als Erklärungshilfe zurückgreifen. Sie sind noch zu stark in ihrem alten Muster verhaftet, daß ein Körper unsichtbar wird, wenn er abgedeckt ist oder Licht fehlt. Gruppe C.

Außerdem sehen sie keinen Unterschied zwischen dem Inhalt der beiden

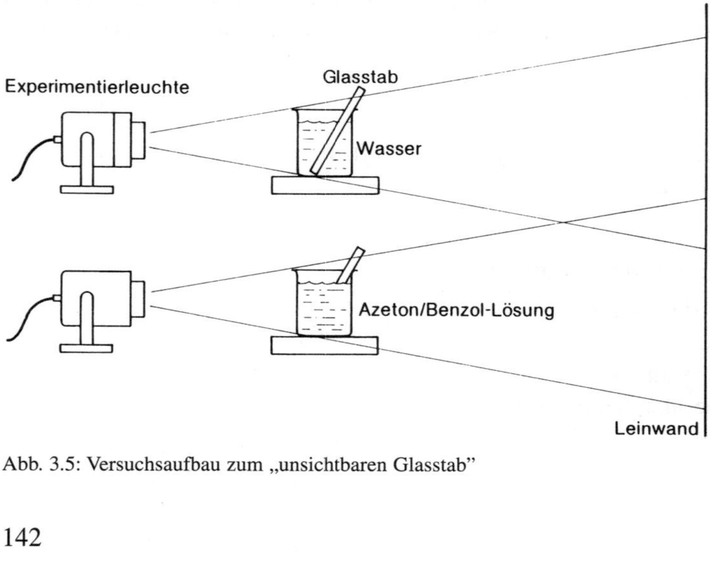

Abb. 3.5: Versuchsaufbau zum „unsichtbaren Glasstab"

Gläser. Die beiden Teilversuche bringen ein unterschiedliches Ergebnis, obwohl die Voraussetzungen scheinbar die gleichen sind. Gruppe A.

Einsatz im Unterricht
In den vorhergehenden Stunden haben die Schüler die Gesetze der Brechung kennengelernt. Die Experimente mit dem unsichtbaren Glasstab setzten wir zusammen mit anderen Übungsaufgaben (siehe weitere Zusammenhänge) ein, um ihre Kenntnisse zu überprüfen und zu festigen. Die Schüler hatten die Aufgabe, das Versuchsergebnis zu beschreiben und eine physikalische Erklärung für ihre Beobachtung zu finden.

Der Begriff „optische Dichte" kann mit Hilfe dieses Experiments nochmals verdeutlicht werden.

Weitere Zusammenhänge
Übungsaufgaben zum Thema Reflexion und Brechung:
- Ein Baum steht nicht genau an der Stelle, wo man ihn durch ein doppelt verglastes Fenster sieht.
- Erblickt man Fische in einem See, so sind sie oberhalb eines bestimmten Blickwinkels nicht mehr zu sehen.
- Erstaunlicherweise kann man einen Eiswürfel in einem Glas Wasser sehr gut sehen.

3.3.6 Die Farben verschwinden[1)]

Geräte und Materialien
1. Farbscheibe nach Newton
2. Farbkreisel nach Maxwell
3. Experimentiermotor
4. Stativmaterial

Beschreibung und Durchführung
Die Farbscheibe nach *Newton* wird auf der Welle eines Experimentiermotors befestigt und in Drehung versetzt.

Eine Farbscheibe läßt sich leicht selbst herstellen:
Dazu schneidet man eine Kreisscheibe aus stabiler, etwa 2 mm dicker, weißer Pappe mit einem Durchmesser von ca. 15 bis 20 cm. Diese Scheibe wird in 7 Sektoren aufgeteilt, die im Uhrzeigersinn wie folgt mit matten Wasserfarben zu bemalen oder mit farbigem Papier zu bekleben sind: 55° gelb, 67° grün, 68° mittelblau, 10° dunkelblau, 76° violett, 51° rot und 33° orange.

[1)] vgl.: *Artamonow, I. D.*: Optische Täuschungen. Frankfurt 1972, Seite 104f.

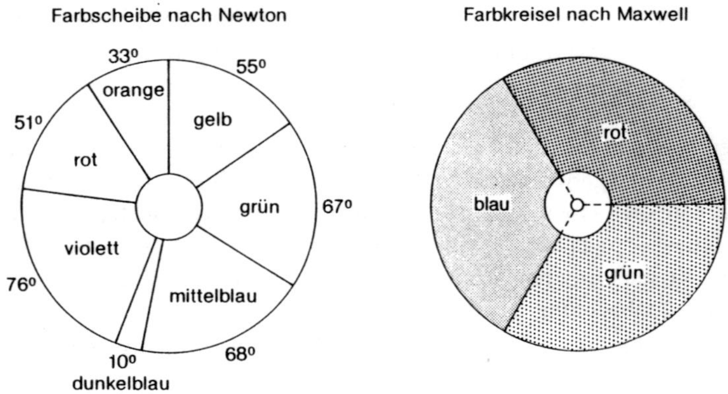

Abb. 3.6: Farbscheibe nach *Newton*. Maxwellscher Farbkreisel.

Für die weitere Arbeit im Unterricht sollte man sich noch eine Farbscheibe nach *Maxwell* herstellen. Mit dieser Scheibe lassen sich verschiedene Mischfarben mit den gleichen Ausgangsfarben herstellen. Zum Selbstbau dieser Scheibe: Man steckt mehrere verschiedenfarbige (rot, blau und grün reichen zunächst aus), längs des Radius aufgeschnittene Pappscheiben ineinander. Damit lassen sich alle gewünschten Sektorengrößen bequem einstellen (s. Abb. 3.6). Die Pappe für diese Scheibe sollte nicht dicker als 1 mm sein.

Ergebnis

Bei einer Drehzahl von etwa 200 min^{-1} erscheint die Farbscheibe nach *Newton* in einem einheitlich grauen Farbton.

Mit der Farbscheibe (Farbkreisel) nach *Maxwell* lassen sich durch Verändern der Sektorengröße beliebige Mischfarben herstellen.

Erklärung

Der Versuch kann mit den Gesetzen der additiven Farbmischung erklärt werden. Die Rotation der farblich abgestuften Sektoren bewirkt auf derselben Netzhautstelle im menschlichen Auge einen raschen periodischen Wechsel der Farbeindrücke.

Bei einer Frequenz größer als 25 Hz (diese Zahl ist durch die Trägheit des Auges bestimmt) nimmt das Auge ein einheitliche Farbbild wahr, nämlich die durch additive Überlagerung entstandene Mischfarbe. Die Mischfarbe läßt sich mit Hilfe der „vektoriellen Farbgleichung"[1]) beschreiben. Das Phänomen

[1]) vgl.: *Bergmann, L.* u. *Schäfer, S.*: Lehrbuch der Experimentalphysik, Bd. 3. S. 645ff. Berlin/New York 6. (1971).

der additiven Farbmischung darf auf keinen Fall mit dem der sogenannten subtraktiven Farbmischung verwechselt werden. Beim Lichtdurchgang durch hintereinanderliegende Farbfilter (subtraktive Farbmischung) entstehen ganz andere Farbeindrücke, als das bei der additiven Farbmischung der Fall ist.

Die Drehzahl des Experimentiermotors ergibt sich aus einer Überschlagsrechnung. Nimmt man acht gleich große Sektoren an, so erfolgen acht Farbwechsel pro Minute. Bei einem kritischen Wert für die Trägheit des menschlichen Auges ergibt sich eine Drehzahl von etwa 200 min^{-1}.

Möglicher Konflikt
Aus ihren bisherigen Erfahrungen (Bewegung farbiger Autos, Vorbeifahren an farbigen Litfaßsäulen, ...) ist den Schülern eine farbliche Veränderung bewegter Gegenstände nicht bekannt. Im Experiment verschwinden die Farben dagegen vollständig. Im Kunstunterricht haben die Schüler zwar die Entstehung neuer Farbtöne durch Mischen kennengelernt, dabei erreichten sie aber niemals die Farbe weiß. Zum anderen erreichten sie mit den Farben des Malkastens ganz andere Mischfarben, als das mit der Farbscheibe möglich ist. Ihre bisherigen Kenntnisse und Erfahrungen widersprechen ihrer Beobachtung. Somit liegt ein Konflikt der Gruppe C vor.

Einsatz im Unterricht
Im Anschluß an die Zerlegung des weißen Lichts in seine Spektralfarben diente dieser Versuch als Einstieg zur Unterscheidung und Darstellung von „additiver" und „subtraktiver" Farbmischung. Dabei lag das Schwergewicht auf der Darstellung der additiven Farbmischung. Wir stellten die Mischfarbe, die mit drei Glasfiltern (rot, grün, blau) erzeugt wurden, der Mischfarbe, die mit der Maxwellscheibe (rot, grün, blau) entstand, gegenüber.

Mit der Maxwellscheibe wurden weitere Mischfarben ausprobiert.

Im weiteren Verlauf der Unterrichtsstunde wurde die Entstehung eines Bildes beim Farbfernsehen und beim Mehrfarbendruck besprochen (siehe weitere Zusammenhänge) und gezeigt.

Weitere Zusammenhänge
- Die Entstehung der Farben beim Fernsehen: Prinzip der Farbmischung von nahe beieinanderliegenden Farbpunkten (rot, grün, blau), die vom menschlichen Auge nicht mehr aufgelöst werden können.
- Mehrfarbendruck: Mit vier Druckfarben in den Farbtönen gelb, cyan (blaugrün), magenta (purpurrot) und schwarz werden Rasterpunkte gedruckt, die sich teilweise überdecken und dadurch weitere Farben liefern (autotypische Farbmischung).

3.3.7 Ein Loch in der Hand?

Geräte und Materialien
Eine Papier- oder Pappröhre, etwa 3-4 cm Durchmesser, Länge ca. 20 cm, z. B. die Rolle vom Küchenpapier.

Beschreibung und Durchführung
Die Röhre wird mit der rechten Hand vor das rechte Auge geführt. Das linke Auge bleibt zunächst noch geschlosssen. Dann führt man die geöffnete linke Hand an das Rohr heran und öffnet auch das linke Auge.

Ergebnis
Es scheint so, als ob man durch ein Loch in der Hand hindurchblickt.

Erklärung
Die Akkomodation beider Augen ist auf die gleiche Entfernung eingestellt. Jedes Auge vermittelt jedoch ein anderes Bild:
– das rechte Auge das Innere der Röhre mit dem fixierten Bild,
– das linke Auge die geöffnete linke Handfläche.

Da diese beiden Netzhautbilder im Gehirn zu einem plastischen Bild zusammengefügt werden, entsteht der Eindruck, als ob das beobachtete Bild durch ein Loch in der linken Hand sichtbar wird. Dieser Eindruck wirkt besonders echt, weil das Innere der Röhre perspektivisch erscheint.

Möglicher Konflikt
Das räumliche Sehen durch Überlagerung der Netzhautbilder beider Augen erfolgt automatisch, so daß Schüler kaum einen Anlaß haben, darüber nachzudenken. Selbst wenn ihnen die Vorgänge der Bildentstehung auf der Netzhaut bekannt sind, können sie sich das beobachtete „Sehen durch die Hand" kaum erklären. So kommt es zu einem Konflikt der Gruppe B.

Einsatz im Unterricht
Durch den Versuch können die Schüler in die Vorgänge beim räumlichen Sehen eingeführt werden.

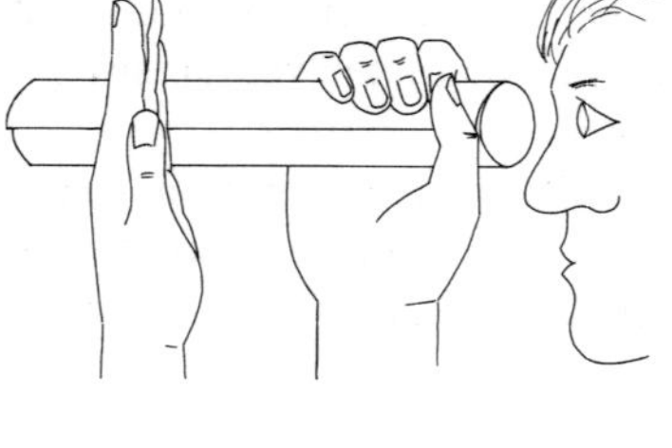

Abb. 3.7/1

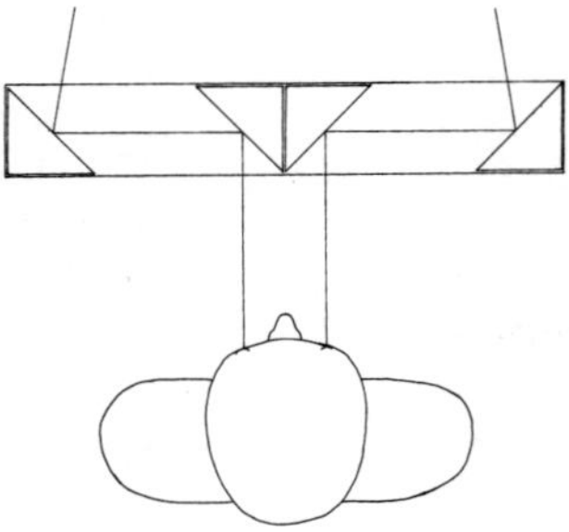

Abb. 3.7/2

Wichtig ist, daß alle Schüler die Beobachtung möglichst gleichzeitig machen. (Der Materialaufwand ist ja nur gering.) Deshalb empfiehlt es sich, daß der Versuch unter Anweisung durch den Lehrer durchgeführt wird. Die Röhre sollte dann auch auf das andere Auge gesetzt werden.

Daß die beiden Augen unterschiedliche Bildeindrücke liefern, wird deutlich, wenn der ausgestreckte Daumen abwechselnd mit dem linken und dann mit dem rechten Auge fixiert wird (Daumensprung).

Weitere Zusammenhänge

Die Verschmelzung zu einem außergewöhnlich räumlich wirkenden Bild läßt sich bewerkstelligen, wenn auf einem etwa zwei Meter langen Brett zwei Spiegelpaare um 45° versetzt aufgestellt werden (s. Abb. 3.7/2).

Durch geringfügiges Verdrehen der äußeren Spiegel können die Bilder so gelenkt werden, daß ihre „Verschmelzung im Gehirn" einen außerordentlich räumlichen Eindruck hervorruft.

3.3.8 Hexerei mit Buchstaben

Geräte und Materialien

1. Ein Stück Pappe oder Papier, auf dem mit Buchstaben in zwei Reihen steht:

   NIEMAND STÜRZT PHYSIK
   OHO DIE HEXE DOCH

2. ein ganz mit Wasser gefülltes Reagenzglas, das mit Stopfen verschlossen ist.

Durchführung

Da der Versuch als Schülerversuch durchgeführt werden soll, werden bereits vor dem Unterricht die Reagenzgläser als auch der Spruch in entsprechender Zahl vorbereitet.

Abb. 3.8

Die Schüler halten die Reagenzgläser in Längsrichtung in etwa 2 cm Abstand über die Schriftreihen; zunächst lesen sie die obere, dann die untere Reihe durch das Reagenzglas hindurch.

Beobachtung
In der oberen Reihe erscheinen die Buchstaben umgekehrt, auf dem Kopf stehend, in der unteren Reihe anscheinend nicht.

Erklärung
Durch die Wasserfüllung wird das Reagenzglas zur Zylinderlinse. Die Krümmung bewirkt, daß durch die Lichtbrechung im Wasser eine Umkehrung der Buchstaben zu beobachten ist. Das gilt natürlich auch für die untere Schriftreihe. Dort ist die Umkehrung aber nicht so leicht zu erkennen. Die Buchstaben wurden nämlich danach ausgewählt, ob sie klappsymmetrisch zur Zeilenlängsachse stehen. Beim Blick durch das Reagenzglas haben sie sich deshalb nur scheinbar nicht verändert.

Möglicher Konflikt
Wenn Linsenbilder und Brechungsgesetz bekannt sind, dürfte es den Schülern nicht schwerfallen, die scheinbare Umkehr der Buchstaben zu deuten. Der Konflikt entsteht, weil die Gesetzmäßigkeit nur für die obere Zeile zu gelten scheint. Die unterschiedlichen Beobachtungen führen zu einem Konflikt der Gruppe A.

Einsatz im Unterricht
Der Versuch sollte nach Behandlung der Linsenbilder durchgeführt werden. Mit ihrem Wissen darüber dürften die Schüler beim Erklären der Umkehrung kaum Schwierigkeiten haben. Es kommt dabei zu einem Überlernen und Anwenden dieses bereits erworbenen Wissens.

Vor Verteilung der Texte kann der Lehrer einen Zauberspruch murmeln und dann ankündigen, er habe eine der beiden Zeilen verhext. Die Schüler sollten herausfinden, welche. Das Reagenzglas würde ein Gegenmittel enthalten. Beim Bemühen der Schüler, das ganz andere Erscheinungsbild der beiden Zei-

len zu deuten, sollte sich der Lehrer zunächst abwartend verhalten. Vielleicht ergibt sich ein interessanter Blick in die Denkweisen seiner Schüler. Als Hilfe zur rechten Deutung könnte er dann auf Unregelmäßigkeiten in der Buchstabenform der unteren Zeile hinweisen (z. B. H → H , C → C). Zur allgemeinen Freude gibt er sich dann als Urheber der „Zauberei" zu erkennen.
Der Versuch geht auch mit einem Spiegel, in dem die auf dem Tisch liegende Schrift betrachtet wird (Zauberspiegel).
Die Schüler können weitere Texte erfinden, z. B. DIE HEIDE
IST GRÜN

3.3.9 Umkehr eines Pfeiles

Geräte und Materialien
1. Ein Zeichenkarton mit Pfeil
2. ein leeres Becherglas
3. ein Gefäß mit Wasser zum Auffüllen des Becherglases.

Beschreibung und Durchführung
Der Versuch sollte als Schülerversuch durchgeführt werden. Der Schüler stellt das leere Becherglas etwa im Abstand von 20 cm vor den Zeichenkarton. Er beobachtet den Pfeil mit einem Auge und gießt langsam mehr und mehr Wasser in das Becherglas.

Ergebnis
In dem Augenblick, wo der Wasserstand die Blickhöhe erreicht, weist der Pfeil plötzlich in die entgegengesetzte Richtung.

Erklärung
Das Becherglas wirkt als Zylinderlinse. Durch die Wölbung des Becherglases werden die vom Pfeil kommenden Lichtstrahlen im Wasser so gebrochen,

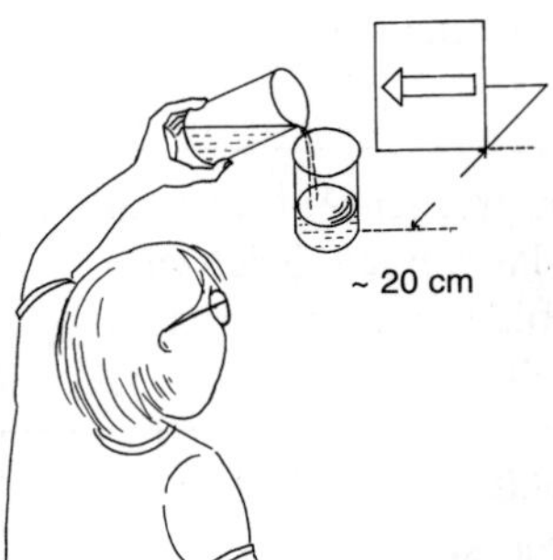

Abb. 3.9/1

daß auf der Netzhaut ein Bild erscheint, in dem links und rechts vertauscht sind, nicht aber oben und unten (Umkehrung der Pfeilrichtung).

Möglicher Konflikt
Wenn das Brechungsgesetz nicht bekannt ist, können die Schüler das beobachtete Phänomen nicht erklären. Ein Versuch, die Pfeilumkehrung mit Hilfe des Reflexionsgesetzes zu deuten, muß gleichfalls scheitern. So kommt es zu einem Konflikt zwischen der bei Spiegelbildern benutzten Theorie und der unerwarteten Beobachtung. Gruppe B.

Einsatz im Unterricht
Bevor durch geometrische Konstruktion von Strahlenverläufen auf Brechungsgesetz und Linsenbilder eingegangen wird, kann der Versuch die Schüler veranlassen, entsprechende Phänomene genau zu beobachten und in altersgemäßer Ausdrucksweise zu beschreiben. Eine Reihe von Variationsmöglichkeiten lassen sich dazu nutzen.

Hier einige Beispiele:

Versuchsvariationen	Beobachtungen
1. Der Schüler betrachtet den Pfeil durch das Glas hindurch mit dem linken Auge.	Der Pfeil erscheint umgekehrt.
2. Der Schüler läßt den Kopf nach links (nach rechts) wandern.	Das Bild des Pfeiles verschiebt sich entgegengesetzt.
3. Der Schüler wiederholt die Versuche nach (1) und (2) mit dem rechten Auge.	Die Beobachtungen entsprechen denen (1) und (2).
4. Der Schüler beobachtet den Pfeil mit beiden Augen gleichzeitig und führt den Kopf vor und zurück.	Bei entsprechendem Abstand zum Glas werden gleichzeitig zwei Bilder mit Gegenrichtung des Pfeiles sichtbar.
5. Der Schüler verschiebt das Glas vor und zurück.	Die Größe der Pfeilabbildung verändert sich.

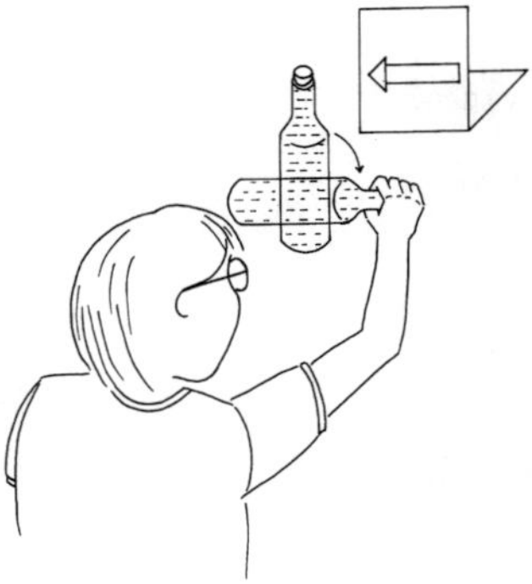

Abb. 3.9/2

Interessante Beobachtungen können die Schüler auch anstellen, wenn sie eine mit Wasser gefüllte und verschlossene, durchsichtige Flasche benutzen und sie bei den Beobachtungen um 90° drehen, so daß sie waagerecht gehalten wird. Das Bild des Pfeiles dreht sich dabei nämlich um 180° und zeigt nun in Pfeilrichtung. Will man das Spiel noch weiter treiben, kann man die obere oder untere Hälfte des Pfeiles farbig hervorheben, um zu sehen, ob sie beim Umdrehen auch vertauscht werden.

Der Lehrer könnte ein Arbeitsblatt mit Anleitungen für das Vorgehen beim Experimentieren vorbereiten, in das die Schüler ihre Beobachtungen eintragen.

Weiterführende Zusammenhänge
– Brechungsgesetz,
– Linsenbilder,
– optische Geräte.

3.3.10 Eine Stecknadel macht Kopfstand

Geräte und Materialien
1. Eine Stecknadel
2. eine Postkarte o. ä.

Durchführung
Die Postkarte wird mit der Stecknadel in der Mitte durchstochen. Sie wird dann – mit Blickrichtung auf das Fenster oder eine Lampe – im Abstand von etwa 10 cm vor ein Auge gehalten. Das andere Auge bleibt geschlossen. Nun führt man die Stecknadel so zwischen Postkarte und Auge, daß ihr Kopf kurz vor dem Auge steht.

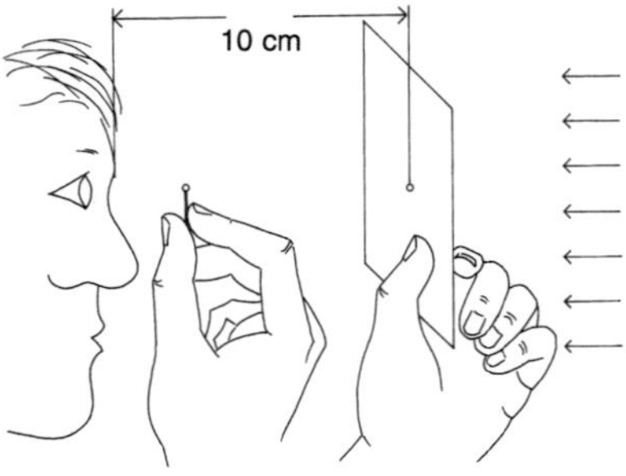

Abb. 3.10/1

Ergebnis

Der Betrachter sieht die Nadel, als stände sie hinter der Postkarte auf dem Kopf. Bewegt er die Nadel etwas nach rechts, so wandert das Abbild nach links, bewegt er sie nach links, wandert das Abbild nach rechts.

Erklärung

Da sich die Nadel sehr nahe am Sehloch des Auges befindet, ist eine reelle Abbildung durch die Augenlinse auf der Netzhaut nicht möglich. Das Loch in der Postkarte wirkt wie eine Lichtquelle, die vom Nadelkopf einen Schatten auf die Netzhaut wirft. Der Schatten steht aufrecht wie die Nadel. Netzhautbilder, die von der Augenlinse erzeugt werden, sind umgekehrt und seitenvertauscht. Erst durch Verarbeitung im Gehirn werden sie als aufrecht und seitenrichtig wahrgenommen. Sie werden vom Gehirn der Erfahrung entsprechend umgekehrt. Das gleiche geschieht mit dem Schatten der Nadel. Durch Verarbeitung im Gehirn wird er als umgekehrt und seitenvertauscht wahrgenommen.

Möglicher Konflikt

Voraussetzung für die Durchführung des Stecknadelversuchs ist, daß den Schülern die Bildentstehung durch Sammellinsen bekannt ist. Es ist ihnen aber meist nicht bewußt, wie sich der Sehvorgang normalerweise vollzieht (Umkehrung des Netzhautbildes im Gehirn zum aufrechten Bildeindruck).

Sie gehen davon aus, daß beim Auge alle Bildeindrücke aufrecht sein müssen. Da hier aber der Nadelkopf umgekehrt erscheint, versagt diese Theorie, so daß es zu einem Konflikt der Gruppe B kommt.

Einsatz im Unterricht

Ohne Hilfen durch den Lehrer dürften die Schüler die Deutung der Beobachtung kaum finden.

Es empfiehlt sich deshalb, vor Durchführung des Versuchs den Sehvorgang zu wiederholen. Dazu eignet sich die Entwicklung eines schematischen Tafelbildes:

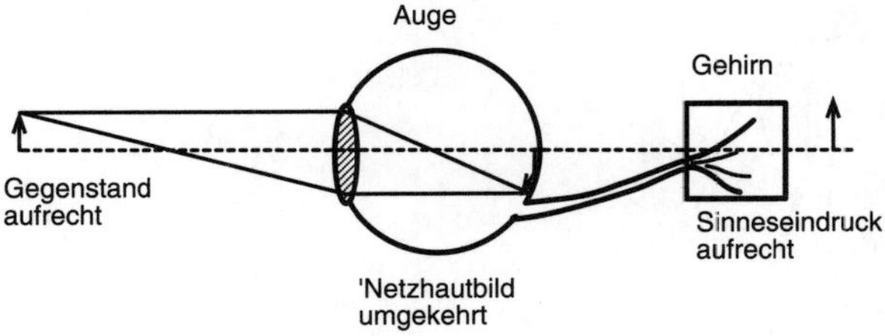

Abb. 3.10/2

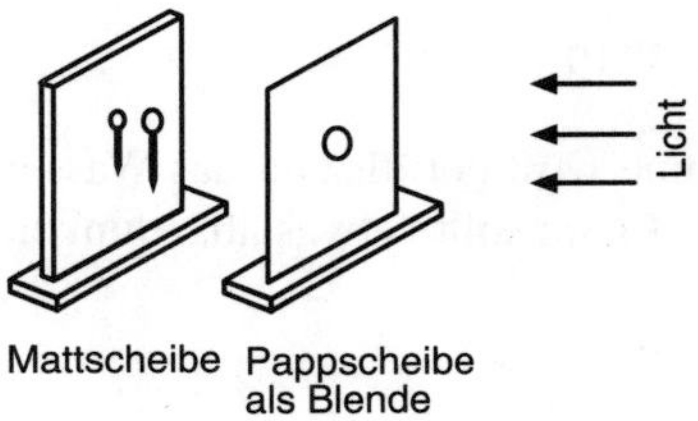

Abb. 3.10/3

Später kann darauf immer wieder zurückgegriffen werden.

Bei der Durchführung des Versuchs sollte der Lehrer den Schülern Zeit lassen, so daß sie ihre Beobachtung eingehend beschreiben können.

Daß die Augenlinse an der Entstehung des Bildes nicht beteiligt ist, sondern daß ein Schatten der Nadel auf der Netzhaut entsteht, kann in einem Demonstrationsversuch gezeigt werden:
Der Nadelkopf wird ohne Sammellinse als Schattenwurf auf einer Mattscheibe abgebildet (s. Abb. 3.10/3). Er erscheint aufrecht. Eine Sammellinse zwischen Nadel und Mattscheibe ändert daran nichts (allerdings wird das Schattenbild kleiner).

3.3.11 Licht zum Ausgießen

Geräte und Materialien

1. Eine Gießkanne
2. eine kleine Stabtaschenlampe
3. ein Klarsichtbeutel
4. Paketgummi oder Faden zum Abdichten
5. ein Ausgußbecken o. ä.

Beschreibung und Durchführung

Der Klarsichtbeutel wird über die Stablampe gezogen und wasserdicht abgebunden. Dann wird die Lampe leuchtend von innen in die Tülle geschoben, so

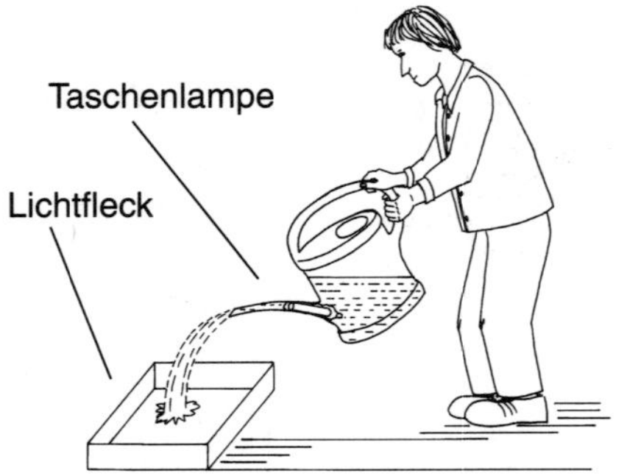

Abb. 3.11/1

daß noch Wasser vorbeifließen kann. Die Kanne wird gefüllt und das Wasser in breitem Strahl in das Becken gegossen. Der Raum sollte etwas abgedunkelt werden.

Ergebnis
Der Wasserbogen glitzert ein wenig. Wo das Wasser im Becken auftrifft, ist ein heller Lichtfleck zu beobachten.

Erklärung
Im Wasserstrahl wird das Licht total reflektiert.

Möglicher Konflikt
Da die Schüler das Phänomen der Totalreflexion noch nicht kennen, erwarten sie wegen der geradlinigen Ausbreitung des Lichtes, daß die Lichtstrahlen trotz Brechung aus dem Wasserstrahl heraustreten, bevor sie das Becken erreicht haben. Da das nicht der Fall ist, entsteht ein Widerspruch zwischen dieser Theorie und der neuen Beobachtung. Gruppe B.

Einsatz im Unterricht
Nachdem in der Optik Reflexion und Brechung behandelt worden sind, eignet sich der Versuch zur Einführung in die Totalreflexion.

Zum Nachweis, daß ein Lichtstrahl im Wasser total reflektiert werden kann, läßt sich ein Lichtbündel so lenken, daß es eine Wasseroberfläche schräg von unten beleuchtet (s. Abb. 3.11/2). Trifft es schräger als 48,5°[1] auf die Wasseroberfläche, wird das Licht vollständig reflektiert.

Es sollte aber auch herausgestellt werden, welche große Bedeutung die Totalreflexion heute für die Technik hat, besonders in der Glasfasertechnik. Dünne,

---

1) Grenzwinkel für Totalreflexion: Wasser – Luft

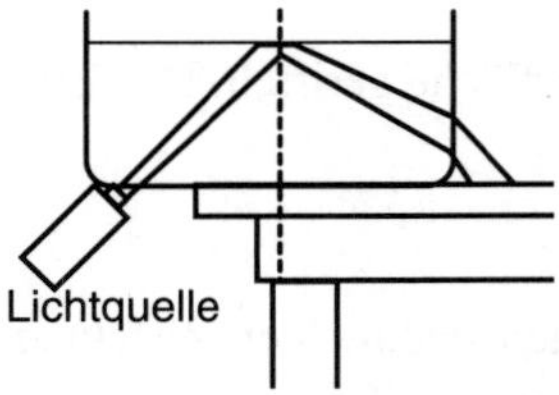

Abb. 3.11/2

biegsame Lichtleitfäden aus Glas oder Kunststoff leiten das Licht an schwer zugängliche Stellen und zurück. In verschiedenen Formen finden sie ihre Anwendung in der Medizin, Industrie und in der Raumfahrt.

Weitere Zusammenhänge

Auch Naturerscheinungen können auf Totalreflexion beruhen:

- Fata Morgana in der Wüste,
- Luftspiegelungen auf Straßen, die Wasser vortäuschen,
- Wasserorgeln, die verschiedenfarbiges Licht in Wasserstrahlen mitführen,
- beleuchtete Springbrunnen,
- Fontänenleuchten.

3.3.12 Postkarten mit räumlichen Bildern?

Geräte und Materialien

1. Einige 3-D-Postkarten
2. Grogstäbchen aus Glas (für Schülerversuche)

Beschreibung und Durchführung

Der Lehrer verteilt 3-D-Postkarten in der Klasse. Die Schüler betrachten sie zunächst und geben sie von Hand zu Hand weiter. Dann wird beschrieben, wie sie sich von gewöhnlichen Postkarten unterscheiden.

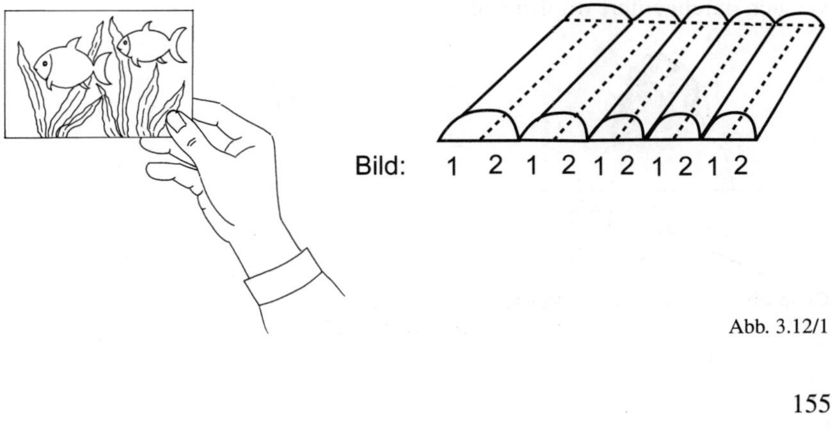

Abb. 3.12/1

Ergebnis
Im Gegensetz zu üblichen Postkarten ist hier die Oberfläche geriffelt. Das Bild erscheint räumlich (dreidimensional).

Erklärung
Das Geheimnis der 3-D-Wiedergabe liegt in der feinen senkrechten Riffelung der Oberfläche, die aus durchsichtigem Kunststoff besteht (Zylinderlinsen).

Von dem Bildinhalt wurden aus unterschiedlichem Winkel zwei Fotos gemacht. Sie sind auf der Postkarte so angeordnet, daß unter jeder Riffel je ein Streifen von beiden Bildern liegt, von Bild 1 jeweils links, von Bild 2 jeweils rechts. Durch die besondere Lichtbrechung an den Zylinderlinsen entsteht auf der Netzhaut des linken Auges nur Bild 1, auf der des rechten Auges nur Bild 2. Die beiden Nezthautbilder verschmelzen dann im Gehirn zu einem einzigen plastischen Sinneseindruck, dem räumlichen Bild.

Möglicher Konflikt
Auch wenn die Schüler bereits wissen, wie räumliches Sehen entsteht, werden sie dem Geheimnis der 3-D-Postkarte ohne Hilfe kaum auf die Spur kommen. Die Funktion der Riffelung für diesen Sehvorgang ist ihnen unbekannt. In der Regel erscheint ja das Bild auf einer Postkarte zweidimensional, also nicht räumlich. So kommt es zu einem Konflikt der Gruppe A.

Hinweise zum Unterricht
Die Betrachtung der 3-D-Karte sollte als Anwendungsaufgabe gestellt werden, nachdem die Schüler bereits Kenntnisse über räumliches Sehen erworben haben. Die Schüler werden zwar die Vermutung äußern, daß die Riffelung der Karte einen Einfluß auf das Sehen ausübt, wie das erfolgt, werden sie aber kaum finden.

Als Hilfe kann der Lehrer zu einem Modellversuch hinführen, der als Schülerversuch durchgeführt werden sollte:

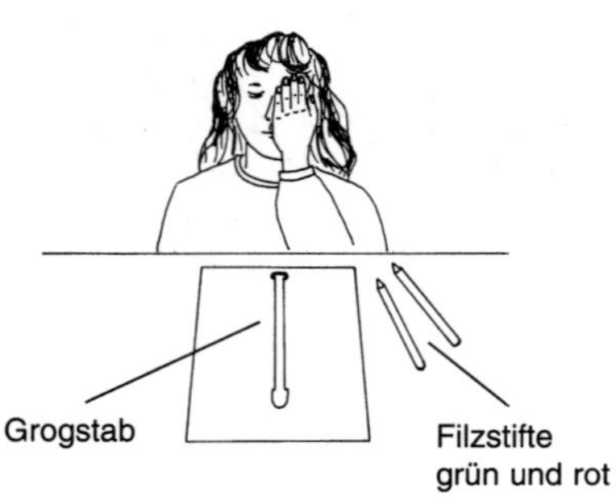

Abb. 3.12/2

Auf einem Blatt Papier zeichnen die Schüler parallel zueinander im Abstand von 1-2 mm mit feinen Filzstiften zwei farbige Linien, z. B. links eine grüne und rechts eine rote. Darauf legen sie einen durchsichtigen Grogstab. Verdecken sie das rechte Auge mit der Hand, so sieht das linke Auge nur die grüne Linie. Verdecken sie das linke Auge, so sieht das rechte Auge nur die rote Linie. Jedes Auge nimmt also nur eine Linie wahr. Damit ist der Weg zur Deutung der räumlichen Erscheinung der 3-D-Postkarte angebahnt.

3.3.13 „Einerseits und andererseits" – Himmelsblau und Abendrot aus einem Glas

Geräte und Materialien

1. Glasgefäß mit Wasser (etwa 10 cm Ø z. B. Einweckglas)
2. Taschenlampe o. ä.
3. einige Tropfen Magermilch
4. Trinkhalm

Beschreibung und Durchführung

Das Glas mit Wasser wird auf einen dunklen Untergrund gestellt. Dann wird der Raum abgedunkelt und das Glas seitlich mit der Taschenlampe durchleuchtet. Zwei Schüler erhalten nun den Auftrag zu beobachten, was sich beim Mischen des Wassers mit ein paar Tropfen Milch verändert. Einer stellt sich seitlich, der andere der Taschenlampe gegenüber auf (s. Abb. 3.13). Mit dem Strohhalm als Pipette werden einige Tropfen Milch hineingegeben und verrührt.

Ergebnis

Durch klares Wasser geht das Licht fast ungehindert als weißes Licht hindurch, durch das mit Milch getrübte Wasser beobachten die Schüler unterschiedliche Farbeindrücke:

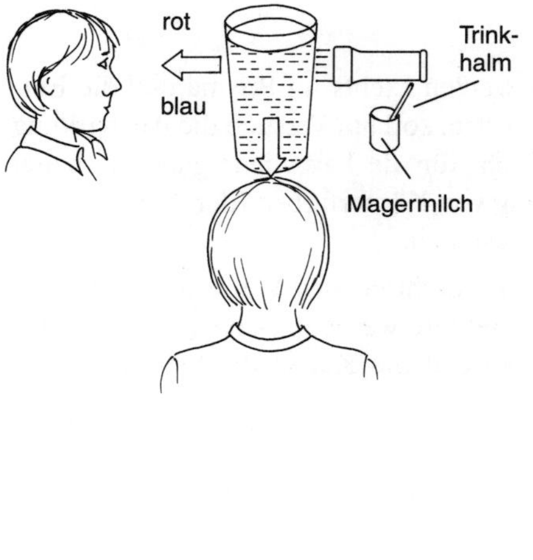

Abb. 3.13

– der seitlich stehende Schüler sieht das Wasser bläulich,
– der Schüler, der gegenüber der Taschenlampe steht, beobachtet es rötlich, ein Unterschied ähnlich dem zwischen Himmelsblau und Abendrot!

Erklärung

Farbeindrücke sind von der spektralen Zusammensetzung des Lichtes abhängig. Das Licht aus der Taschenlampe (wie auch das Sonnenlicht) empfinden wir als weiß, weil alle Wellenlängen des sichtbaren Lichtes (zwischen 400 und 800 nm) mit den Spektralfarben Rot, Orange, Gelb, Grün, Blau, Violett darin vorkommen. In klarem Wasser bleibt dieses „Mischlicht" beisammen, der Eindruck „weiß" bleibt somit erhalten.

In der Emulsion unseres Versuchs wird das Licht an den Fettkügelchen gestreut, und zwar bevorzugt der kurzwellige Anteil des sichtbaren Lichts. Deshalb sehen wir das Licht der Taschenlampe von den Seiten her bläulich-weiß, gegenüber der Taschenlampe aber rot, ist doch der blaue Anteil des Lichts darin nicht mehr enthalten.

Daß der wolkenarme Himmel bei Tage bläulich und abends rötlich erscheint, hat seine Ursache in der Streuung des Lichts an Staubteilchen und Wassertröpfchen in der Luft. Kurz vor ihrem Untergang steht die Sonne nämlich dicht über dem Horizont, so daß das Licht einen längeren Weg durch die Lufthülle zurücklegt als am Tage. Es trifft deshalb vermehrt auf Wasser- und Staubteilchen, so daß vornehmlich nur noch der rote Anteil des Lichts ins Auge gelangt.

Möglicher Konflikt

Die Trübung des Wassers durch die Milch vergleichen Schüler zumeist mit der Nebelbildung in der Luft. Sie gehen deshalb davon aus, daß die Milch durch Streuung weniger Licht hindurchläßt als klares Wasser. Die Abhängigkeit der Streuung von der Wellenlänge berücksichtigen sie kaum dabei, selbst wenn ihnen die Vorgänge um die Zerlegung des Lichts durch ein Prisma bekannt sind. So kommt es zu einem Konflikt der Gruppe B.

Hinweise zum Unterricht

Nachdem die spektrale Zerlegung des weißen Lichts im Prisma und die Entstehung von Körperfarben behandelt wurden, soll am Versuch die Auswirkung der unterschiedlichen Streuung von Licht für die Farbwiedergabe erarbeitet werden. Den Unterschied zur Entstehung von Körperfarben (durch Absorption von Lichtanteilen) gilt es dabei herauszustellen.

Der Versuch sollte zunächst in der zuvor beschriebenen Weise unter Mithilfe von zwei Schülern als Beobachter vorgeführt werden. Dabei sollte die Taschenlampe seitlich gehalten werden, so daß die Klasse die bläulich-weiße

Trübung der Emulsion beobachtet. Die Taschenlampe wird dann um das Glas herumgeführt, so daß die Farbänderungen für alle Schüler sichtbar werden.

Eine Erklärung der Farberscheinungen durch Streuung sollte im Zusammenhang mit der Entstehung von Himmelsblau und Abendrot erfolgen.

Weiterführende Zusammenhänge
- Farbzerlegung beim Regenbogen,
- subtraktive Farbmischung,
- additive Farbmischung.

3.4. Erstaunliches um Druck und Wärme

3.4.1 Auch mit Eis kann man Wasser kochen

Geräte und Materialien
1. Rundkolben mit Gummistopfen
2. Bunsenbrenner
3. Stativmaterial mit Metallring als Halterung für den Rundkolben
4. Schutzscheibe

Der Gummistopfen sollte hinreichend groß gewählt werden, damit er sich nach dem Experiment leichter aus dem Kolben ziehen läßt.

Beschreibung und Durchführung
In einem offenen Rundkolben wird Wasser über einem Bunsenbrenner zum Sieden gebracht. Man nimmt den Kolben vom Brenner und verschließt ihn mit einem Gummistopfen.

Nun wird der Rundkolben mit dem Stopfen nach unten in einen Metallring gehängt und mit kaltem Wasser übergossen, oder, was wesentlich effektvoller

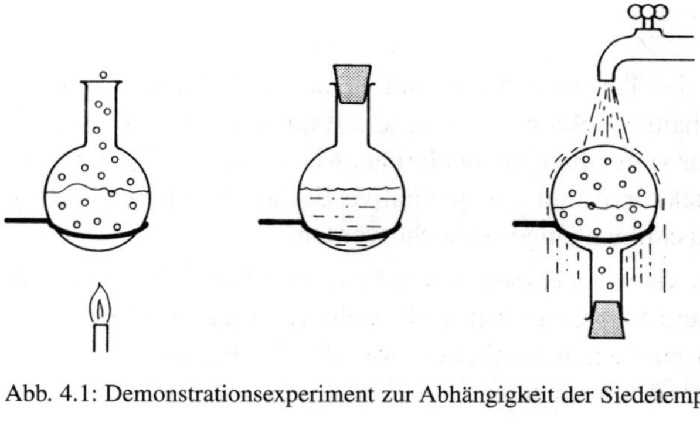

Abb. 4.1: Demonstrationsexperiment zur Abhängigkeit der Siedetemperatur vom Druck

ist, mit Eiswürfeln (in einem Tuch) belegt. Es muß unbedingt eine Schutzscheibe aufgebaut werden, da der Kolben implodieren kann (Abb. 4.1).

Ergebnis
Nach einigen Sekunden beginnt das Wasser im Kolben erneut zu sieden. Am Ende des Versuchs läßt sich der Gummistopfen nur mit Mühe entfernen. Dabei strömt deutlich hörbar Luft in das Gefäß.

Erklärung
Die Siedetemperatur von Wasser ist vom Umgebungsdruck abhängig. Der Dampfdruck einer Flüssigkeit steigt nicht proportional mit der Temperatur des Wassers (siehe Dampfdruckkurve). Eine Flüssigkeit siedet, wenn Umgebungsdruck und Dampfdruck gleich groß sind.

Zu Beginn des Versuchs siedet das Wasser. Der Wasserdampf verdrängt dabei weitgehend die Luft aus dem Glaskolben. Kühlt man den verschlossenen Kolben ab, verringert sich sowohl der Druck im Innern des Kolbens als auch der Dampfdruck. Das Wasser beginnt erneut bei der Temperatur zu sieden, bei der Dampfdruck gleich Umgebungsdruck ist.

Die Beziehung zwischen Umgebungsdruck und Siedepunkt läßt sich aus der Dampfdruckkurve ablesen.

Möglicher Konflikt
Die Schüler wissen, daß Wasser bei einer Temperatur von 100° C siedet. Das Experiment zeigt ihnen aber, daß Wasser offensichtlich auch unter 100° C siedet, die Siedetemperatur also durch Abkühlung zu erreichen ist. (Von vielen Schülern werden diese beiden zusammenhängenden Beobachtungen getrennt aufgenommen.) Ihr bisheriges Wissen gerät in Widerspruch zur Beobachtung. Gruppe C.

Einsatz im Unterricht
Nachdem die Schüler die Temperaturskala mit Siede- und Gefrierpunkt für Wasser kennengelernt hatten, sollten sie in diesem Experiment die Abhängigkeit der Siedetemperatur vom Druck kennenlernen. Als weitere Ziele sollte das Lesen einer Dampfdruckkurve und die qualitative Erklärung einiger Phänomene (siehe weitere Zusammenhänge) erreicht werden.

Bei der Vorführung des Versuchs kamen einige Schüler auf die Idee, daß Luft zwischen Gefäßwand und Stopfen in den Kolben eindringt und die Blasenbildung hervorruft. Wenn man einen Luftballon über den Kolbenhals zieht, läßt sich dieser Vorstellung leicht begegnen.

Nach der Durchführung wurden die Beobachtungen der Schüler gesammelt. Wir mußten deutlich darauf hinweisen, daß schon vor Erreichen der Siedetemperatur Blasen aufsteigen, die aber vor Erreichen der Wasseroberfläche zunächst kleiner werden, um dann gänzlich zu verschwinden.

Weitere Zusammenhänge
- Kochen im Hochgebirge
- Der Siedepunkt auf dem Mt. Everest (8840 m) liegt bei etwa 70° C (335 hPa), auf dem Mt. Blanc (4807 m) bei etwa 86° C (591 hPa)
- „Kochendes" Blut bei den Piloten von Düsenflugzeugen
- Schnellkochtopf.

3.4.2 Der Luftballon in der Flasche

Geräte und Materialien
1. große Flasche (Weinballon)
2. dazu passender Gummistopfen mit Bohrung
3. zur Bohrung passendes Röhrchen, 10 bis 15 cm lang
4. Luftballon

Beschreibung und Durchführung
Der Luftballon wird 2 bis 3 cm über ein Ende des Glasröhrchens gezogen und mit Hilfe eines Fadens umwickelt und fest verknotet.

Über das noch freie Ende des Glasröhrchens schiebt man den Gummistopfen. Diese Anordnung setzt man lose auf den Flaschenhals. Dabei muß der Ballon so weit in der Flasche hängen, daß er auch im aufgeblasenen Zustand genügend Platz findet (s. Abb 4.2.). Der Ballon wird mit Hilfe des Röhrchens aufgeblasen und das Röhrchen dann freigegeben. Man wiederholt den Versuch, drückt aber den Gummistopfen fest auf die Flasche, bevor man das Röhrchen freigibt.

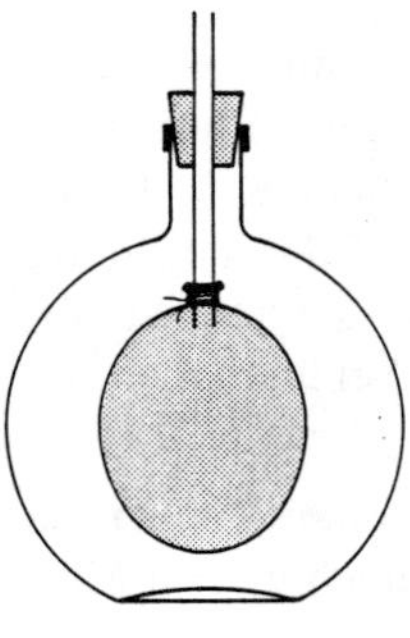

Abb. 4.2: Obwohl das Röhrchen offen ist, entweicht keine Luft aus dem Luftballon

Ergebnis

Wenn der Stopfen nur lose auf dem Flaschenhals sitzt, entweicht die Luft aus dem Ballon, sobald man die Öffnung des Röhrchens freigibt. Verschließt man aber die Flasche, bevor die Luft aus dem Ballon entweichen kann, so bleibt die ursprüngliche Form des Ballons erhalten. Es entweicht keine Luft mehr, obwohl das Glasröhrchen nicht verschlossen ist.

Erklärung

Beim Aufblasen eines Luftballons muß der äußere Luftdruck und der Druck, der sich aus der Rückstellkraft der Gummihaut ergibt, überwunden werden.

Steckt man den Ballon in eine offene Flasche, so läßt er sich mühelos aufblasen, denn an den Druckverhältnissen hat sich nichts geändert, und die durch den Ballon verdrängte Luft kann entweichen. Wird die Flasche nach Aufblasen des Ballons verschlossen und die Öffnung des Röhrchens freigegeben, so kann nur so viel Luft entweichen, bis der nun geringere Luftdruck im Innern der Flasche und die Spannung der Gummihaut im Gleichgewicht mit dem äußeren Luftdruck sind.

Möglicher Konflikt

Es ist fest in den Gedanken der Schüler verankert, daß ein unverschlossener Luftballon seine Form nicht beibehält. So kommt ihnen nicht zum Bewußtsein, daß es sich hier um ein sehr spezielles Experiment handelt, bei dem im zweiten Teil der Druckausgleich verhindert wird, d.h., der Ballon müßte also, genau wie im ersten Teil des Versuchs, seine Luft verlieren. Es kommt zu einem Konflikt zwischen den bisherigen Erfahrungen und dem Ergebnis des Experiments (Gruppe C) oder zwischen den unterschiedlichen Ergebnissen der beiden Teilversuche (Gruppe A).

Einsatz im Unterricht

Der Versuch zeigt sehr schön eine etwas komplexe Wirkung des Luftdrucks, die aber dennoch auch jüngeren Schülern noch zugänglich ist.

Wir setzten den Versuch als Testaufgabe unter anderen am Ende einer Unterrichtseinheit zum Luftdruck ein. Dazu wurde der bereits vorher aufgebaute Versuch auf dem Experimentiertisch vorgeführt. Die Schüler hatten die Aufgabe, den Versuch zu beschreiben und eine physikalische Erklärung zu finden. Bei einer anderen, nicht so leistungsstarken Gruppe, stellten wir den Versuch als Zusatzaufgabe an das Ende eines Tests, um den Schülern die Möglichkeit zu geben, etwas „Besonderes” zu leisten.

Das Experiment sollte wegen seiner Komplexität am Ende einer Unterrichtseinheit zum Luftdruck stehen. Zur Wiederholung kann es noch einmal Motivationen aufbauen oder die Schüler dazu anregen, den Versuch zu Hause selbst zu wiederholen.

Weitere Zusammenhänge

– Die Atmung erfolgt nach dem gleichen Prinzip, wobei der Ballon die Lungen simuliert und der Flaschenkörper ein starres Modell für den Brustkorb ist.

3.4.3 Eine Flasche, die nichts ausfließen läßt

Geräte und Materialien

1. eine größere, möglichst durchsichtige Flasche, z. B. eine Weinflasche
2. eine Glasschale, etwa zur Hälfte mit Wasser gefüllt

Beschreibung und Durchführung

Die Flasche wird ganz mit Wasser gefüllt, mit dem Daumen verschlossen und umgekehrt ins Wasser gehalten. Befindet sich die Flaschenöffnung im Wasser, wird der Daumen weggenommen. Mit einer Hand wird die Flasche so gehalten, daß die Flaschenöffnung den Boden der Schale nicht berührt, aber im Wasser bleibt.

Ergebnis

Das Wasser läuft nicht aus, der Wasserspiegel in der Schale steigt nicht an.

Erklärung

Die „geheimnisvolle" Kraft, die das Wasser nicht ausfließen läßt, beruht auf dem Luftdruck, der auf der Wasseroberfläche lastet. Er entsteht, weil auch die Luftmoleküle der Schwerkraft unterliegen. Der Schweredruck der Luft beträgt in Meereshöhe durchschnittlich 1 013,25 hPa. Das entspricht dem Druck einer Wassersäule von etwa 10 m Höhe. Der Druck, den die Wassersäule in der Flasche ausübt, ist viel geringer.

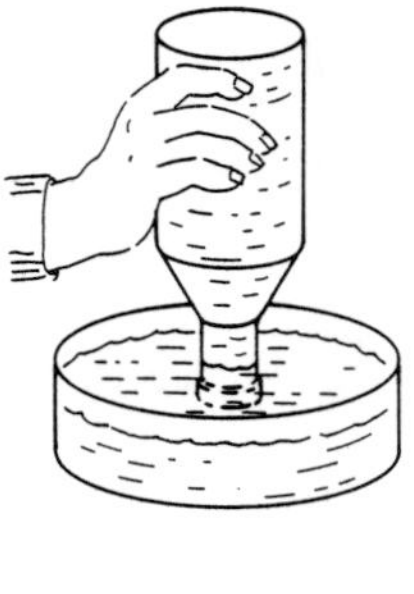

Abb. 4.3/1: Der Luftdruck verhindert das Auslaufen der Flasche

Möglicher Konflikt

Aufgrund bisher gemachter Beobachtungen gehen die Schüler davon aus, daß eine mit Wasser gefüllte Flasche auslaufen muß, wenn sie auf den Kopf gestellt wird. Da diese Annahme nicht mit der neuen Beobachtung übereinstimmt, entsteht ein gedanklicher Konflikt der Gruppe A.

Einsatz im Unterricht

Auch ohne Unterricht ist den Schülern das Phänomen Luftdruck zumeist schon bekannt; so z. B. auch in Zusammenhang mit Raumfahrtproblemen als auch von Wettervorhersagen, bei denen von fallendem und steigendem Luftdruck die Rede ist.

Mit diesem Versuch bringen sie diese noch ungeordneten Kenntnisse aber kaum in Zusammenhang, zumal ihnen Vorstellungen über die Größenordnung des Luftdrucks im täglichen Leben kaum begegnen. So eignet sich der Versuch als Einstieg in das Thema „Luftdruck" schon deshalb recht gut, weil er dazu herausfordert, einmal festzustellen, wie hoch die Wassersäule eigentlich sein müßte, damit Luftdruck und Wasserdruck gleich sind.

Auf historischen Spuren wandeln die Schüler, wenn sie mit einem etwa 12 m langen, durchsichtigen Plastikschlauch, dessen unteres Ende sich in einem mit Wasser gefüllten Gefäß befindet, am Schulgebäude ein Wasserbarometer nachbauen (vgl. dazu: Torricelli-Versuch, Westermann Arbeitsfilm, Best. Nr. 35 58 06). Die Ähnlichkeit der beiden Versuchsaufbauten (Abb. 4.3/2) wirkt sich dabei lernfördernd aus.

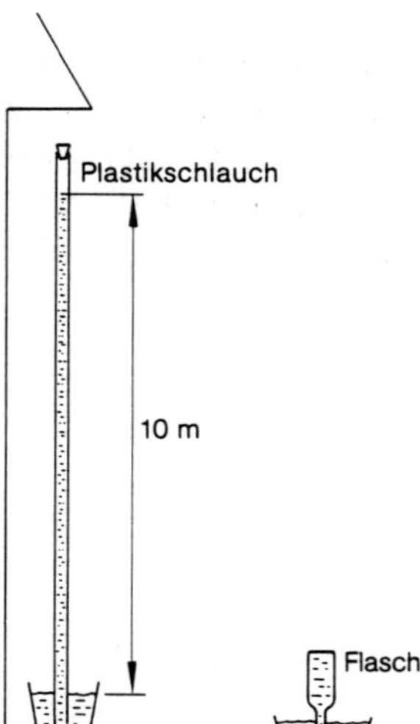

Abb. 4.3/2: Versuch nach Torricelli

Weitere Zusammenhänge

– Eine im Prinzip gleiche Anordnung, wie die im Versuch beschriebene, wird als Vogeltränke oder als Bienentränke verwendet.
– *Torricelli* füllte im Jahre 1644 Quecksilber in ein 1 m langes Glasrohr, das an einer Seite zugeschmolzen war, und setzte es umgekehrt in ein Gefäß mit Quecksilber. Luftdruckschwankungen werden von diesem Quecksilberbarometer auf einer Skala angezeigt.
– Heute werden zum Messen des Luftdrucks zumeist Dosenbarometer verwendet.

3.4.4 Krümmt sich Stanniolpapier vor Schmerz?

Geräte und Materialien

1. Bunsenbrenner oder Kerze
2. Streifen Stanniolpapier aus einer Zigarettenschachtel (1 cm breit, 5 bis 10 cm lang)
3. Tiegelzange

Beschreibung und Durchführung

Der Streifen aus Stanniolpapier wird mit einem Ende in der Zange festgehalten und möglichst fest um die Zangenbacken zu einer Spirale aufgewickelt. Über einem Brenner oder einer Kerze wird der Streifen sehr vorsichtig erwärmt (Abb. 4.4).

Ergebnis

Der Streifen wird sich je nach Wickelrichtung weiter auf- bzw. abwickeln. Beim Abkühlen auf die Ausgangstemperatur nimmt der Streifen seine ursprüngliche Lage wieder ein. Falls das Papier zu stark erwärmt wird, ist eine bleibende Verformung zu beobachten.

Erklärung

Stanniolpapier besteht aus je einer Schicht Papier und Aluminium. Die beiden Materialien besitzen unterschiedliche Ausdehnungskoeffizienten. Der Wert für

Abb. 4.4: Erwärmung einer Spirale aus Stanniolpapier

Aluminium beträgt $23{,}8 \cdot 10^{-6}\,\frac{1}{K}$, der für Papier etwa $1 \cdot 10^{-6}\,\frac{1}{K}$. Das bedeutet, daß sich der Alustreifen bei gleicher Temperaturerhöhung wesentlich stärker verlängert als der Papierstreifen. Da beide Schichten zusammengeklebt sind, kommt es bei außen liegender Alu-Schicht zu einer zusätzlichen Krümmung des Stanniolpapiers in Wickelrichtung.

Möglicher Konflikt

Die Schüler eines 6. Jahrgangs lernten in den vorhergehenden Stunden, daß die meisten festen Stoffe sich nur sehr wenig ausdehnen. Sie erwarten daher eine sehr geringe Längenzunahme des Stanniolstreifens, die ohne Meßgeräte nicht zu beobachten ist. Bei ihrem Experiment sehen sie eine sehr deutliche Bewegung der Stanniolspirale, die sich durch eine Längenzunahme infolge Erwärmung nicht mehr begründen läßt. Es kommt zu einem Konflikt zwischen ihrem bisherigen Wissen und der Beobachtung. Gruppe C.

Ein Konflikt der Gruppe A tritt dann auf, wenn die Schüler bei ihren Nachbarn die entgegengesetzte Reaktion (bedingt durch einen unterschiedlichen Wickelsinn) des Stanniolstreifens beobachten. Sie meinen, den gleichen Versuch durchgeführt zu haben, beobachten aber ein unterschiedliches Ergebnis.

Einsatz im Unterricht

Das Experiment läßt sich gut in Partner- und Einzelarbeit durchführen. Unser Ziel war, die zuvor mit den Schülern erarbeiteten Gesetzmäßigkeiten zur Ausdehnung von festen Körpern bei der Anwendung als Bimetall zu festigen bzw. zu erweitern.

Die Schüler bekamen die notwendigen Geräte zur Verfügung gestellt. Sie sollten die Versuchsdurchführung beschreiben und ihre Beobachtungen notieren. Als Hilfe gaben wir ihnen den Hinweis, das Papier auch einmal in die andere Richtung um die Zange zu wickeln. Damit die Schüler selbständig eine Erklärung finden können, brauchen sie meist Hilfen vom Lehrer. Der Hinweis, daß ein Läufer auf der Außenbahn eines Stadions einen längeren Weg zurückzulegen hat, als der auf der Innenbahn, reicht oft aus. Die Ergebnisse werden von einzelnen Schülern vorgestellt.

Weitere Zusammenhänge

- Bimetallstreifen
- Feuermelder (leicht von Schülern zu bauen)
- Thermostate bei Waffel- und Bügeleisen
- Bimetallthermometer (hat im Aufbau Ähnlichkeiten mit diesem Versuch)

3.4.5 Der Sonderling

Geräte und Materialien

1. je einen Aluminium-, Kupfer- und Bimetallstreifen mit ähnlichen Abmessungen (Länge ca. 10 cm, Breite ca. 1 cm)
2. Stanniolpapier (Beilage in Zigarettenschachteln)
3. Bunsenbrenner
4. Stativmaterial

Beschreibung und Durchführung

Alle drei Streifen werden in einer Stativhalterung so befestigt, daß sie von unten mit einem Bunsenbrenner oder einer Kerzen erwärmt werden können. Nacheinander erwärmt man alle drei Streifen, als letzten den Bimetallstreifen (Abb. 4.5).

Ergebnis

Aluminium- und Kupferstreifen erfahren außer einer Verfärbung keine sichtbare Veränderung. Der Bimetallstreifen verbiegt sich dagegen deutlich.

Erklärung

Ein Bimetallstreifen besteht aus zwei aufeinandergewalzten Metallen mit unterschiedlichen thermischen Ausdehnungskoeffizienten. Er verbiegt sich bei Temperaturerhöhung zu der Seite, auf der das Material mit dem kleineren Koeffizienten liegt.

Möglicher Konflikt

In den vorhergegangenen Stunden wurde die Wärmeausdehnung von Gasen, Flüssigkeiten und festen Körpern behandelt. Schüler einer 6. Klasse erwarten bei der Frage des Lehrers nach dem Ausgang des Experiments eine Wiederholung zur letzten Stunde. Sie gaben daher selbstsicher an, daß die Streifen länger würden, was aber wegen der nur geringen Ausdehnung nicht zu beobachten sei. Das bisher Gelernte wurde durch die Beobachtung scheinbar widerlegt. Gruppe C.

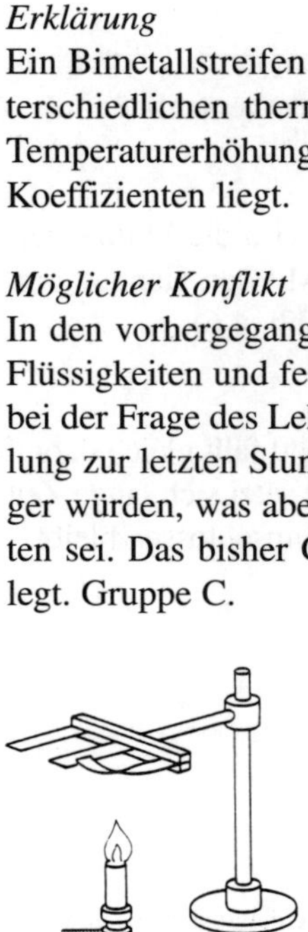

Abb. 4.5: Erwärmung von Metall- und Bimetallstreifen

Es kann auch zu einem Konflikt der Gruppe A kommen, wenn die Schüler alle drei Streifen vergleichen, aber keinen Unterschied finden, der die außergewöhnliche Reaktion des Bimetallstreifens erklären würde. Die Verblüffung kommt durch einen Konflikt zustande, der sich zwischen verschiedenen Beobachtungen der Schüler aufbaut.

Einsatz im Unterricht
Im Unterricht einer 6. Klasse war das Erstaunen über den Sonderling groß. Als Erklärungshilfe führten wir noch das Experiment 3.4.4 durch und stellten danach jedem Schüler ein Stück Stanniolpapier zur Verfügung. In Partnerarbeit sollten sie das Papier untersuchen und dazu schriftlich eine Lösung formulieren. Dann wurde auf die Anwendung von Bimetallen hingearbeitet.

Als Hausaufgabe sollten die Schüler einen Bi„material"streifen anfertigen.

Weitere Zusammenhänge
– Siehe Experiment 3.4.4

3.4.6 Der „winkende" Groschen

Geräte und Materialien
1. eine saubere, leere Flasche, z. B. Weinflasche
2. ein Zehn-Pfennig-Stück, das die Flaschenöffnung gerade verschließt

Beschreibung und Durchführung
Der Rand der Flaschenöffnung wird angefeuchtet. Dann wird die Münze daraufgelegt, so daß die Flasche luftdicht verschlossen ist. Mit den Händen umschließt man nun die Flasche, so daß sie sich erwärmt (Abb. 4.6).

Ergebnis
Nach geduldigem Warten wird das Geldstück angehoben und fällt gleich darauf zurück. Nach einiger Zeit wiederholt sich der Vorgang und setzt sich lange Zeit fort, wenn die Flasche nur genügend fest mit den Händen umschlossen bleibt.

Abb. 4.6: Die erwärmte Luft in der Flasche dehnt sich aus und hebt die Münze an

Erklärung
Die Wärmeenergie der Hand wird über das Glas auf die Luft in der Flasche übertragen. Die Luft dehnt sich dadurch aus und entweicht von Zeit zu Zeit durch den Spalt zwischen Münze und Flaschenöffnung.

Möglicher Konflikt
Den Schülern ist zumeist bekannt, daß „leere" Flaschen eigentlich nicht leer sind, sondern Luft enthalten. Kenntnisse über Eigenschaften der Luft, und wie diese sich beim Erwärmen verhält, sind ihnen aber weitgehend unbekannt, zumal Vorgänge mit erwärmter Luft in der Natur direkter Beobachtung überwiegend entzogen sind. Allein mit der Theorie von der Raumerfüllung aber können sie sich das Anheben der Münze nicht erklären. So kommt es zu einem gedanklichen Konflikt zwischen ihrer heimlichen Theorie und dieser Beobachtung. Gruppe B.

Einsatz im Unterricht
Der Versuch eignet sich, um die Schüler an das Problem der Wärmeausdehnung von Gasen heranzuführen. Er kann recht gut als Schülerversuch eingesetzt werden, um die Schüler zu genauer Beobachtung und Beschreibung zu veranlassen. Die Vermutung, daß durch Erwärmung mit der Hand die Ausdehnung der Luft bewirkt wird, kann leicht nachgeprüft werden, indem die Flaschenöffnung kurz in Seifen- oder Spülmittellösung getaucht wird, so daß die Flasche mit einer feinen Seifenhaut verschlossen ist. Bei Erwärmung mit der Hand wölbt sich die Haut nach außen, bei Abkühlung nach innen.

Weitere Zusammenhänge
– Eine Luftmatratze ist in der Sonne prall geworden
– Ein eingebeulter Tischtennisball läßt sich in heißem Wasser zurückbeulen
– „Luftthermometer" des *Otto von Guericke*
– Wie Herons Tempeltüröffner funktioniert.

3.4.7 Die zusammenschiebbare Flamme

Geräte und Materialien
1. Bunsenbrenner
2. Kupferdrahtnetz
3. Stativmaterial

Beschreibung und Durchführung
a) Die Flamme wird möglichst groß und gelbleuchtend eingestellt. Man hält das Kupfernetz über die Flamme und bewegt es langsam nach unten.

b) Man hält das Netz etwa 10 cm über den Bunsenbrenner. Erst dann öffnet man den Gashahn und entzündet die Flamme über dem Netz. Das Netz darf nicht zu heiß werden, sonst schlägt die Flamme nach unten durch (Abb. 4.7).

Erklärung

Wegen der hohen Wärmeleitfähigkeit von Kupfer wird der Flamme durch das Netz ein Großteil der Wärme entzogen. Deswegen erreicht das Gas oberhalb (Versuch a) bzw. unterhalb (Versuch b) des Netzes nicht mehr die Entzündungstemperatur. Das Gas müßte, um zu brennen, erneut angezündet werden.

Wärmeleitfähigkeit von Kupfer im Vergleich mit einigen anderen Materialien:

$\lambda_{Cu} = 387 \frac{W}{m\,K}$ $\lambda_{Ag} = 407 \frac{W}{m\,K}$ $\lambda_{Fe} = 24 \frac{W}{m\,K}$

$\lambda_{Glasw.} = 0{,}042 \frac{W}{m\,K}$ $\lambda_{Luft} = 0{,}0026 \frac{W}{m\,K}$.

Möglicher Konflikt

Das Netz ist für Gase durchlässig. Auf dieser Basis erwarten die Schüler, daß auch die Flamme als brennendes Gas das Kupfernetz durchdringt. Diese heimliche Theorie gerät in Widerspruch zu ihrer Beobachtung. Gruppe B.

Einsatz im Unterricht

Das Experiment stand am Ende einer Stunde zur Wärmeleitung in Klasse 6. Die Schüler hatten zuvor gute und schlechte Wärmeleiter im Experiment und ein einfaches Erklärungsmodell (Bewegung von Atomen bzw. Molekülen) kennengelernt.

Die beiden Varianten des Versuchs wurden vorgeführt, Versuchsaufbau und Beobachtungen von den Schülern notiert.

Sie bekamen die Aufgabe, mit Hilfe des bisher Gelernten eine Erklärung für den Versuche zu finden.

Weitere Zusammenhänge

– Funktionen von Grubenlampen
– Kochlöffel besitzen meist einen Holz- oder Kunststoffgriff

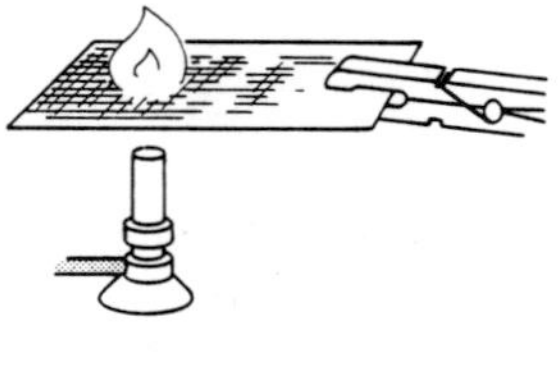

Abb. 4.7: Die Flamme brennt nur oberhalb des Kupfernetzes

– Kupfernetze oder dickere Metallteile mit engen Schlitzen dienen als Explosionsschutz in Rohren
– Metallteile fühlen sich bei gleicher Temperatur kälter als Holzteile an
– Vor- und Nachteile von Fensterrahmen aus Aluminium.

3.4.8 Der scheue Luftballon

(vgl. 3.4.10)

Geräte und Materialien

1. zwei große, gleichaussehende Flaschen (dunkles Glas)
2. zwei Luftballons
3. heißes Wasser

Beschreibung und Durchführung

Eine der beiden Flaschen wird mit heißem Wasser ausgespült. Dies geschieht in einem Nebenraum, damit den Schülern diese Vorbereitung verborgen bleibt. In der Klasse wird dann mit dem Hinweis, daß eine neue Erfindung gelungen sei, je ein leicht aufgeblasener Luftballon über die Flaschenhälse gezogen. Die Flaschen bleiben, ohne weitere Kommentare des Lehrers, nebeneinander auf dem Experimentiertisch stehen.

Ergebnis

Schon nach wenigen Sekunden zieht sich der Luftballon auf der ausgespülten Flasche zusammen und verschwindet schließlich ganz in ihrem Inneren (s. Abb. 4. 8/1).

Erklärung

Durch Abkühlung kondensiert ein Teil des Wasserdampfes in der präparierten Flasche. Außerdem nimmt die abgekühlte Luft in der Flasche ein geringeres Volumen ein. Es entsteht ein Unterdruck.

Abb. 4.8/1: Der scheue Luftballon

Möglicher Konflikt

Die Schüler haben die Vorbereitungen zu diesem Versuch nicht gesehen. Es ist ihnen unerklärlich, warum unter scheinbar gleichen Bedingungen die Luftballons ein unterschiedliches Verhalten zeigen. Somit entsteht ein Konflikt, der zur Gruppe A gehört.

Einige Schüler fragen nur nach der Ursache, die den Luftballon verschwinden läßt. Bei ihnen kommt es zu einem Konflikt der Gruppe C, da sie ihr bisheriges Wissen mit ihrer Beobachtung nicht in Einklang bringen können.

Einsatz im Unterricht

Das Experiment stand als Einstieg zu einer Doppelstunde in einer 6. Klasse. Ziel war es, den Schülern das Verhalten gasförmiger Körper bei Temperaturänderung deutlich zu machen. Die Schüler hatten bereits in früheren Stunden grundlegende Kenntnisse zum Luftdruck erworben.

Nach der Versuchsdurchführung wurden die Schüler nach der Ursache für das unterschiedliche Verhalten gefragt. Wir ermutigten sie, die Flaschen aus der Nähe zu betrachten, diese zu berühren und gegebenenfalls Veränderungen vorzunehmen. Als geklärt war, daß das Absinken der Temperatur in der präparierten Flasche zu einer Verringerung des Volumens und damit zu einem Unterdruck führte, wurde in einem weiteren Experiment (siehe Abb. 4.8/2) auch die Umkehrung erklärt. Erst danach konnte auf die Proportionalität zwischen Temperatur- und Volumenänderung hingearbeitet werden. Dazu kann der Versuch aus Abb. 2.8/2 leicht umgebaut werden:
Der Erlenmeyerkolben wird in ein Wasserbad gestellt. Die Verschiebung eines Wassertropfens im Winkelrohr und die Temperaturänderung des Wasserbades werden gemessen und ausgewertet.

Weitere Zusammenhänge

– Verschließen von Einmachgläsern

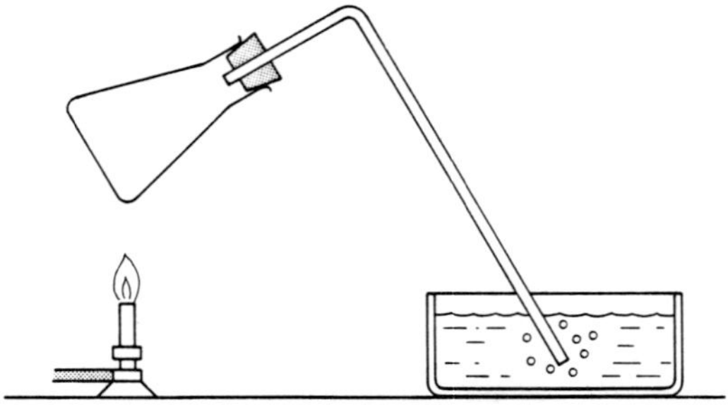

Abb. 4.8/2: Umkehrung des Versuchs: Temperaturerhöhung führt zur Vergrößerung des Volumens

– Heiß gespülte Gläser sind nur mit Mühe anzuheben, wenn sie auf einer glatten Oberfläche mit der Öffnung nach unten abgestellt wurden.

3.4.9 Überlauf durch schmelzendes Eis?

Geräte und Materialien

1. ein Becherglas (z. B. 400 ml, hohe Form) mit ein bis zwei Eiswürfel
2. ein Unterteller
3. erwärmtes Wasser (ca. 35°C) in einem Becherglas zum Zugießen in das Gefäß mit Eis

Beschreibung und Durchführung

Das Glas mit dem Eis wird randvoll mit warmem Wasser aufgefüllt. Das schwimmende Eis ragt dann etwa mit dem neunten Teil seines Volumens über den Wasserspiegel hinaus. Beobachtet wird, ob sich der Wasserstand beim Schmelzen ändert (Abb. 4.9).

Ergebnis

Während des Schmelzens bleibt der Wasserstand unverändert, es läuft nicht ein einziger Tropfen über den Rand des Glases.

Erklärung

Die Beobachtung läßt sich mit der Volumenzunahme des Wassers beim Gefrieren erklären. Beim Erstarren nimmt nämlich das Volumen des Wassers um etwa $\frac{1}{9}$ zu; das ist der Raumanteil, um den das schwimmende Eis aus dem kalten Wasser herausragt. Beim Schmelzen verkleinert sich das Volumen wieder um etwa $\frac{1}{9}$, so daß es wieder den Raum einnimmt, mit dem der Eiswürfel in Wasser eingetaucht war. So kann der überragende Teil des Eises vom Glas aufgenommen werden, ohne daß sich der Wasserspiegel verändert. Die Ursache der Volumenzunahme des Wassers beim Gefrieren ergibt sich aus dem Dipolcharakter der Wassermoleküle und der Kristallstruktur des Eises.

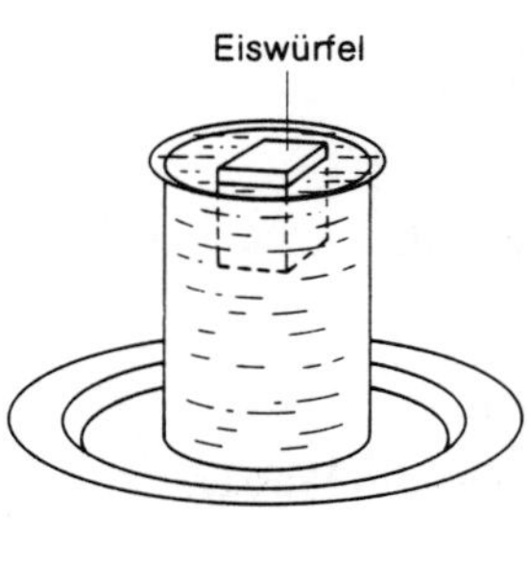

Abb. 4.9: Die Volumenabnahme beim Schmelzen bewirkt, daß kein Wasser überläuft

Möglicher Konflikt

Da der aus dem Wasser herausragende Teil des Eises beim Schmelzen hinzukommt, erwarten die Schüler, daß das Wasser überläuft. Dieser Effekt dürfte sich ihrer Meinung nach noch verstärken, weil sich nach ihren bisherigen Beobachtungen die Stoffe beim Erwärmen stets ausgedehnt haben. So kommt es für sie zu einem gedanklichen Konflikt zwischen diesen Theorien und der andersartigen neuen Beobachtung. Gruppe C.

Einsatz im Unterricht

Die Behandlung der Volumenzunahme des Wassers beim Übergang zu Eis ist in den Richtlinien als Ergänzungsstoff vorgesehen, so daß davon ausgegangen werden kann, daß die Schüler bei der Untersuchung anderer Stoffe bereits erfahren haben, daß sie sich beim Erwärmen ausdehnen und beim Abkühlen zusammenziehen. Daß das Wasser eine Ausnahme macht, ist besonders für Vorgänge in der Natur und der Technik von Bedeutung (z. B. Frostspaltung, Rohrbrüche in Wasserleitungen, Straßenaufbrüche, Bodenlockerung durch Frost). Um diese Vorgänge aber verstehen zu können, muß zuvor erkannt werden, daß das gefrierende Wasser als Eis ein größeres Volumen einnimmt als die Menge Wasser, aus der das Eis entstanden ist.

Der vorgeschlagene Versuch kann als Einstieg in diese Problematik genutzt werden, möglicherweise als Schülergruppenversuch mit Wettbewerbscharakter.: „Wer als erster einen überlaufenden Tropfen sieht, hat gewonnen!" Während des Ablaufs des Versuchs von drei Minuten Dauer können die Schüler gut das Absinken des kälteren Wassers vom Eiswürfel als Schlieren beobachten. Der überraschende Ausgang, daß beim Schmelzen auch nicht ein Tropfen Wasser überfließt, regt sie zu eifrigen Deutungsbemühungen an, die experimentell nachzuprüfen sind, so z. B. indem beobachtet wird, wie das im Kühlschrank gefrorene Wasser in einem Reagenzglas sein Volumen vergrößert hat und wie das Volumen beim Schmelzen wieder abnimmt. Mit diesem Wissen können die Schüler dann entsprechende Vorgänge in Natur und Technik deuten.

Weitere Zusammenhänge

Auswirkungen in Natur und Technik:
- Frostaufbrüche auf den Straßen im Winter
- Umgraben und Pflügen im Herbst
- Maßnahmen, durch Frostschutzmittel das Gefrieren des Kühlwassers in Autos zu verhindern
- Frostspaltung im Felsgestein von Mauern o.ä.
- Rohrbrüche bei Wasserleitungen
- Gewässer gefrieren von oben; Bedeutung für das Leben im Wasser.

3.4.10 Der verbeulte Kanister

Geräte und Materialien

1. dicht zu verschließender Blechkanister (zu erhalten z. B. im Lack- oder Farbengroßhandel)
2. siedendes Wasser

Beschreibung und Durchführung

Der Blechkanister wird mit siedendem Wasser ausgespült, fest verschlossen und dann auf den Experimentiertisch gestellt. Das geschieht vor den Augen der Schüler.

Ergebnis

Nach kurzer Zeit beginnt sich der Behälter stark nach innen zu verbeulen. Dabei bewegt er sich unter blechernen Geräuschen um mehrere Zentimeter auf dem Tisch und kann sogar, je nach Art der Verformung, umkippen.

Der Kanister wird schneller und stärker verformt, wenn man kaltes Wasser darüber gießt.

Erklärung

Im Kanister entsteht durch Abkühlung und Kondensation ein Unterdruck. Der äußere Luftdruck verbeult ihn. Mit der idealen Gasgleichung läßt sich der Vorgang hinreichend genau beschreiben.

Einsatz im Unterricht

Auch ohne Unterricht ist den Schülern das Phänomen Luftdruck zumeist schon bekannt; so z. B. auch in Zusammenhang mit Raumfahrtproblemen als auch von Wettervorhersagen, bei denen von fallendem und steigendem Luftdruck die Rede ist.

Mit diesem Versuch bringen sie diese noch ungeordneten Kenntnisse aber kaum in Zusammenhang, zumal ihnen Vorstellungen über die Größenordnung der Luftdrucks im täglichen Leben kaum begegnen. So eignet sich der Versuch als Einstieg in das Thema „Luftdruck" schon deshalb recht gut, weil er dazu herausfordert, einmal festzustellen, wie hoch die Wassersäule eigentlich sein müßte, damit Luftdruck und Wasserdruck gleich sind.

Auf historischen Spuren wandeln die Schüler, wenn sie mit einem etwa 12 m langen, durchsichtigen Plastikschlauch, dessen unteres Ende sich in einem mit Wasser gefüllten Gefäß befindet, am Schulgebäude ein Wasserbarometer nachbauen (vgl. dazu: Torricelli-Versuch, Westermann Arbeitsfilm, Best. Nr. 35 58 07). Die Ähnlichkeit der beiden Versuchsaufbauten (Abb. 4.3/2, S. 164) wirkt sich dabei lernfördernd aus.

Weitere Zusammenhänge

- Eine im Prinzip gleiche Anordnung, wie die im Versuch beschriebene, wird als Vogeltränke oder als Bienentränke verwendet.
- *Torricelli* füllte im Jahre 1644 Quecksilber in ein 1 m langes Glasrohr, das an einer Seite zugeschmolzen war und setzte es umgekehrt in ein Gefäß mit Quecksilber. Luftdruckschwankungen werden von diesem Quecksilberbarometer auf einer Skala angezeigt.
- Heute werden zum Messen des Luftdrucks zumeist Dosenbarometer verwendet.

3.4.11 Bringt ein Eiswürfel Wasser zum Kochen?

Geräte und Materialien

1. Trockeneis (CO_2)
2. Becherglas mit Leitungswasser

Beschreibung und Durchführung

Ein Würfel Trockeneis wird in ein mit Wasser gefülltes Becherglas gegeben.

Ergebnis

Im Wasser steigen Blasen auf. Es scheint, als ob das Wasser sieden würde.

Erklärung

Kohlendioxid hat einen Schmelzpunkt von - 56,6° C. Unter Normalbedingungen tritt die flüssige Phase aber nicht auf. Das heißt, daß das Trockeneis sofort in den gasförmigen Zustand übergeht. Die aufsteigenden Blasen, die das Sieden des Wassers vortäuschen, bestehen aus reinem Kohlendioxid. Dies läßt sich durch die Kalkwasserprobe nachweisen.

Möglicher Konflikt

Die Schüler bringen die aufsteigenden Blasen sofort mit Sieden in Verbindung. Das widerspricht aber allen bisherigen Erfahrungen: Ein Eiswürfel kann Wasser nicht direkt zum Sieden bringen. Es kommt zu einem Konflikt zwischen bisherigen Wissen und der Beobachtung. Gruppe C.

Einsatz im Unterricht

Zum Abschluß der Wärmelehre leistet dieses Experiment gute Dienste. Gerade nachdem die Schüler einige Kenntnisse aus der Wärmelehre besitzen, sich einigermaßen sicher fühlen und kaum noch Lust zu einer Wiederholung haben, bietet dieser Versuch die Möglichkeit, viele Punkte des Themas nocheinmal anzusprechen. (Schmelzpunkt, Siedepunkt, Sublimation, Temperaturskala, ...).

Wir ließen den Versuch in Einzel- bzw. Partnerarbeit durchführen. Dazu stellten wir den Schülern jeweils ein Becherglas mit Leitungswasser und mehrere kleinere Trockeneisstücke zur Verfügung. Die Schüler identifizierten die Trockeneisstücke als normales Eis, obwohl sich beide im Aussehen (Trockeneis ist weiß) und Verhalten (Trockeneis „raucht") unterscheiden. Indem man das Trockeneis einem Kühlschrank entnimmt und nur kleinere Bruchstücke verteilt (kleine Eisstücke erscheinen weiß), suggeriert man den Schülern, daß es sich um normales Eis handelt.

Die Schüler bekommen die Aufgabe, ihre Beobachtungen genau zu notieren. Als Variante kann man den Schülern vorschlagen, viel Eis auf wenig Wasser zu geben, was zu Gefrieren des Wassers führt. Im anschließenden Unterrichtsgespräch muß auf das besondere Verhalten von Kohlendioxid eingegangen werden, bevor eine Wiederholung zur Wärmelehre einsetzen kann.

3.4.12 Nebel in der Flasche

Geräte und Materialien

1. ein Erlenmeyerkolben, etwa 1000 ml, mit seitlichem Anschlußrohr und passendem Gummistopfen ohne Bohrung
2. eine Vakuumpumpe mit Dreiwegehahn für Handbetrieb
3. ein Verbindungsschlauch aus Plastik oder Gummi
4. Tabakrauch oder glimmenden Holzspan zum Einbringen von Kondensationskeimen

zu 2: Anstelle der Vakuumpumpe kann auch eine Fußballpumpe verwendet werden, bei der die Manschette umgekehrt eingesetzt ist (Saugstellung). In den Schlauch ist ein Fahrradventil einzusetzen, damit die Luft nicht in den Erlenmeyerkolben zurückströmen kann (Abb. 4.12b).

Beschreibung und Durchführung

Die Vakuumpumpe wird am Tisch befestigt und der Dreiwegehahn auf Saugstellung gebracht. In den Erlenmeyerkolben werden einige Tropfen Wasser gegeben und durchgeschwenkt. Dann wird mit dem Schlauch die Verbindung zwischen Pumpe und Erlenmeyerkolben hergestellt. Nachdem in den Kolben durch Tabakrauch oder einen glimmenden Holzspan Kondensationskeime eingebracht sind, wird der Gummistopfen eingesetzt, so daß der Kolben luftdicht verschlossen ist (Abb. 4.12a).

Beobachtung

Sobald mit der Saugpumpe Luft aus dem Kolben herausgepumpt wird, bilden sich darin dichte Nebelschwaden. Sie verschwinden sofort, wenn nach Bea)

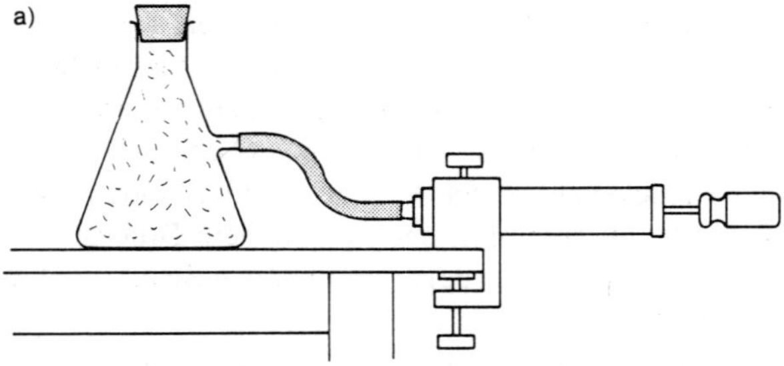

b)

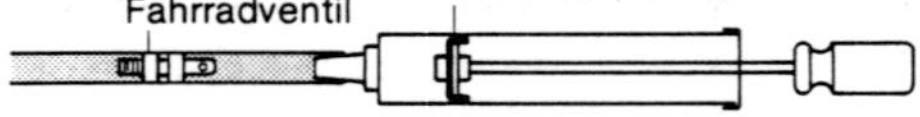

Abb. 4.12: In der Flasche entsteht Nebel, wenn Luft herausgepumpt wird

dienung des Dreiwegehahns oder Herausziehen des Gummistopfens wieder Luft in den Kolben zurückströmt.

Erklärung
Durch das Ausschwenken des Kolbens mit Wasser ist dort die Luft mit Wasserdampf gesättigt. Durch das Auspumpen von Luft aus dem Kolben (Expansion) kühlt sich die verbleibende Luft ab und die Temperatur sinkt unter den Taupunkt, d. h., die Luft ist nun mit Wasserdampf übersättigt. So kondensiert der Wasserdampf an den eingebrachten Ruß- und Rauchteilchen zu kleinen Tröpfchen. Sobald die Luft einströmt (Kompression), steigt die Temperatur wieder, der Taupunkt wird überschritten, so daß sich wieder unsichtbarer Wasserdampf bildet.

Möglicher Konflikt
Bisher kennen die Schüler die Nebelbildung als Wettererscheinung oder in Form von kondensiertem Wasserdampf beim Kochen. Ein Vergleich mit diesen Erscheinungen führt aber zu keiner Erklärung des beobachteten Phänomens, da sie die Ursachen für die Nebelbildung nicht kennen. So kommt es zu einem gedanklichen Konflikt zwischen ihren bisherigen Kenntnissen und dieser Beobachtung. Gruppe C.

Einsatz im Unterricht
Den Schülern sind die Übergänge zwischen den drei Aggregatzuständen bekannt. Sie wissen, daß zum Schmelzen und Verdampfen von Wasser Wärme

zugeführt, zum Erstarren und Kondensieren Wärme entzogen werden muß. Ebenso ist den Schülern bekannt, daß ein Teil des Wassers schon vor Erreichen des Siedepunktes verdunstet.

Für die Erklärung der Beobachtungen beim „Nebelkammerexperiment" ist es für die Schüler meist sehr schwierig zu erkennen, ob und in welcher Form Wärme zu- oder abgeführt wird. Zunächst wurde deshalb sehr genau beschrieben, was in den einzelnen Phasen des Experiments im Inneren des Glases geschah. Zur genaueren Erklärung des Versuchs hielten wir eine Luftpumpe und die Gaskartusche eines Sahneautomaten bereit. Mit der Luftpumpe wurde an geeigneter Stelle im Unterricht die Temperaturzunahme bei Kompression, mit der Kartusche die Temperaturabnahme bei Expansion eines Gases demonstriert. Anhand von Beispielen (siehe weitere Zusammenhänge) wurden die Kenntnisse gefestigt.

Weitere Zusammenhänge

- Zwei angefeuchtete Uhrgläser frieren zusammen, wenn im oberen Äther verdunstet
- Nebelkammer
- Kondensstreifen bei Flugzeugen
- Brillengläser beschlagen, wenn man aus der Kälte in einen gut geheizten Raum kommt
- beschlagene Fensterscheiben
- beschlagene Taucherbrillen

3.4.13 Ein Kochtopf wird überflüssig

Geräte und Materialien

1. Blatt Transparentpapier (DIN A 4)
2. Metallring aus Schweiß- oder Kupferdraht (Ø ca. 2 mm), Ringdurchmesser etwa 9 cm
3. Bunsenbrenner
4. Büroklammern
5. Stativmaterial
6. dünner Eisennagel
7. Metallstab aus Eisen oder Aluminium, z.B. Stativstange

Beschreibung und Durchführung

Anleitung zum Selbstbau des Papiertrichters (s. Abb. 4.13/1):

Auf einem Blatt Transparentpapier wird ein Kreis mit einem Durchmesser von ca. 20 cm gezeichnet und mit einer Schere ausgeschnitten. Um im Transparent einen Zirkeleinstich zu vermeiden, deckt man den Kreismittelpunkt z.B. mit einem Radiergummi ab. Das so entstandene runde Blatt ist durch leichtes Falten zunächst zu halbieren und dann zu vierteln. Dieses Kreissegment öffnet man zu einem Trichter, dessen Mantel aus einer, bzw. drei Papierlagen besteht. Nun ist der Metallring mit leichtem Druck in die geöffnete Papiertüte zu schieben. Der über dem Metallring stehende Teil der Tüte wird an einigen Stellen keilförmig bis zum Ring eingeschnitten, über diesen nach innen geklappt und in dieser Lage mit einigen Büroklammern befestigt. Der eigentliche Versuchsaufbau erfolgt entsprechend der Abb. 4.13/2.

Die Papiertüte füllt man randvoll mit Wasser und erwärmt sie mit einem Bunsenbrenner. Die Erwärmung sollte auf der Seite mit der einlagigen Trichterwandung geschehen.

Ergebnis
Das Wasser siedet, ohne daß die Papiertüte dabei verbrennt. Erst wenn Wasser durch Tropfen oder Verdampfen verlorengeht, kann sich der Papiertrichter im Bereich der Aufhängung entzünden.

Erklärung
Die durch die Bunsenbrennerflamme zugeführte Wärmeenergie wird wegen der geringen Papierdicke unmittelbar an die angrenzende Wasserschicht geleitet.

Wegen der Temperaturabhängigkeit der Wasserdichte kommt es zu einer Wärmeströmung, die nach einiger Zeit zur Erwärmung des gesamten Wassers bis zum Sieden führt.

Solange der Trichter randvoll mit Wasser gefüllt wird, kann sich das Transparentpapier nur bis zu einer Temperatur von etwa 100° C erwärmen.

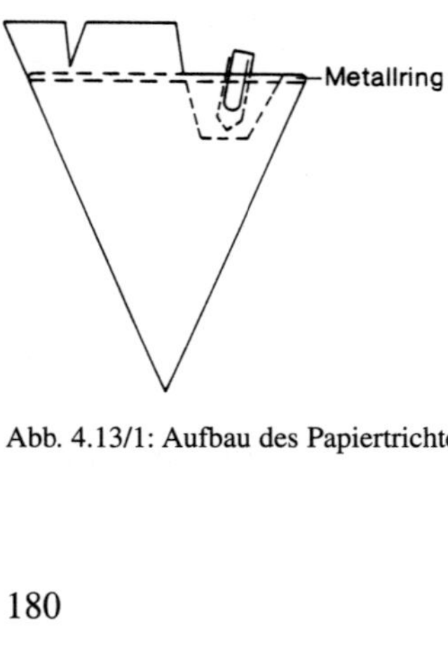

Abb. 4.13/1: Aufbau des Papiertrichters

Abb. 4.13/2: Mit einer Bunsenbrennerflamme ist das Wasser im Papiertrichter zum Sieden zu bringen

Somit bleibt die Entzündungstemperatur für Transparentpapier deutlich unterschritten.

Möglicher Konflikt

Den Schülern ist Papier als ein Stoff bekannt, der leicht mit einer Flamme entzündet werden kann.

Bei ihren Vermutungen über mögliche Versuchsergebnisse lassen sie außer acht, daß ein Großteil der zugeführten Wärmeenergie an das Wasser abgeleitet wird, und somit der Flammpunkt des Transparentpapiers nicht erreicht werden kann. Um so unverständlicher ist ihnen, wie man mit der Bunsenbrennerflamme das Wasser in der Papiertüte zum Sieden bringen kann, ohne daß das Papier auch nur ansengt.

Es kommt zu einem Konflikt zwischen den bisherigen Erfahrungen der Schüler und ihren Beobachtungen. Die entspricht der Gruppe C der Matrix.

Einsatz im Unterricht

Gegenstand der vorhergehenden Unterrichtsstunden war die qualitative Erarbeitung der Gesetzmäßigkeiten zum Wärmetransport (Wärmeleitung, Wärmeströmung und Wärmestrahlung).

Mit Hilfe des Versuchs sollten zum einen die Einzelphänomene des Wärmetransports wiederholt, und zum anderen die Transferfähigkeit der Schüler gefördert werden.

Dem Versuchsaufbau folgte zunächst die Frage nach Vermutungen zum Ausgang des Experiments.

Die Schüler gaben zweifelsfrei an, daß der Papiertrichter verbrennen und das ausfließende Wasser die Bunsenbrennerflamme eventuell zum Erlöschen bringen werde. Die Verblüffung im Anschluß an den Versuch regte ein Unterrichtsgespräch an, in dem eine Erklärung für das Versuchsergebnis gefunden werden sollte. Als Hilfe boten wir den Schülern drei zusätzliche Experimente zur Lösungsfindung an:

- Ein gleicher Papiertrichter mit einer Füllung aus Sand oder Eiswürfel fängt sofort Feuer.
- Ein Papierstreifen, der fest um eine Stativstange aus Eisen gewickelt wurde, entzündete sich nicht.
- Ein Papierstreifen, der fest um einen Eisennagel gewickelt wurde, entzündete sich nach kurzer Zeit.

Mit Hilfe ihres bisherigen Wissens aus den vorhergehenden Stunden und der Interpretation ihrer Beobachtungen waren die Schüler in der Lage, eine Erklärung zu finden.

Weitere Zusammenhänge

- Entzündungstemperatur verschiedener Stoffe
- Unterschiedliche Wärmeempfindung beim Berühren nicht erwärmter Stoffe, wie z. B. Holz, Metall, Gestein oder Styropor.

- Ergänzendes Experiment:
  Zwei zylindrische Stäbe aus Holz und Eisen werden einlagig und eng mit Papier bewickelt und anschließend längere Zeit über eine brennende Kerze gehalten.

3.4.14 Kochendes Wasser und Eis in einem Gefäß

Geräte und Materialien

1. Reagenzglas
2. Eiswürfel
3. Lötzinn (Draht)
4. Bunsenbrenner
5. Stativmaterial

Beschreibung und Durchführung

Ein Eiswürfel wird zur Beschwerung mit Lötzinn umwickelt und in ein Reagenzglas gegeben. Dann ist das Glas etwa 3/4 mit Wasser aufzufüllen. Entsprechend der Skizze (Abb. 4.14) baut man den Versuch auf und bringt das Wasser im oberen Teil des Reagenzglases mit schwacher Bunsenbrennerflamme zum Sieden.

In einer Variante des Versuchs verwendet man ebenfalls ein mit Wasser gefülltes Reagenzglas, allerdings ohne Eiswürfel. Dieses hält der Lehrer nun im unteren Drittel mit der Hand fest, während das Wasser im oberen Teil zum Sieden gebracht wird.

Abb. 4.14: Obwohl das Wasser im oberen Teil des Reagenzglases siedet, schmilzt das Eis am Boden nicht

Ergebnis
Auch wenn das Wasser im oberen Teil des Reagenzglases über längere Zeit siedet, bleibt das am Boden liegende Eis ungeschmolzen erhalten. Bei der Variante des Versuchs spürt der Lehrer auch nach längerem Sieden keine merkliche Temperaturerhöhung.

Erklärung
Der Grund für den auf die obere Wasserschicht begrenzten Siedeprozesses liegt in der geringen Wärmeleitfähigkeit des Wassers. Der Wärmetransport wird also hauptsächlich durch Konvektion bewirkt. Da die Dichte des Wassers mit steigender Temperatur abnimmt, wird das erwärmte Wasser nur im oberen Teil des Reagenzglases zirkulieren. Dies läßt sich durch Hinzugeben einiger Tropfen gefärbten Wassers eindrucksvoll demonstrieren.

Möglicher Konflikt
Für die Schüler besteht kein Zweifel daran, daß das Eis bei längerem Sieden des Wassers vollständig schmelzen wird.

Dabei lassen sich die Schüler von einer heimlichen Theorie leiten, wonach die Temperatur in der gesamten Flüssigkeit etwa gleich groß sei. Sie überschätzen also die Leitfähigkeit des Wassers und lassen darüberhinaus die Dichteunterschiede im Wasser außer acht.

Zur Begründung ihrer Vermutung führten die Schüler fälschlicherweise das Schmelzen von Eis auf Seen oder in eisgekühlten Getränken bei schon geringer Temperaturerhöhung an.

Zwischen der heimlichen Theorie der Schüler und ihren Beobachtungen kommt es zu einem Widerspruch. Gruppe B.

Es kann auch zu einem Widerspruch kommen, der zu einem Konflikt der Gruppe C führt, wenn die Schüler das in den vergangenen Stunden Gelernte über die Wärmeleitfähigkeit in festen Stoffen – insbesondere in Metallen – voreilig als Erklärung für ihre Beobachtung heranziehen.

Einsatz im Unterricht
Das Experiment diente uns als Einstieg zur Wärmeleitfähigkeit von Flüssigkeiten, nachdem in der vorhergehenden Stunde die Wärmeleitfähigkeit von festen Stoffen behandelt worden war.

Durch den Versuch wurde die geringe Wärmeleitfähigkeit von Wasser nachgewiesen.

Außerdem konnte es in Verbindung mit anderen Experimenten (Wasserkreislauf im Heizungsmodell) die Temperaturabhängigkeit der Dichte von Wasser zur Deutung des Wärmeenergietransports durch Konvektion andeuten.

In einer Vertretungsstunde (Schulfest) wird nach dem Motto „Wetten daß" vom Lehrer behauptet, er könne das Reagenzglas bis zum Sieden des Wassers ohne Hilfsmittel mit der Hand festhalten. Weiterhin ist dieser Versuch als Lernzielkontrolle im Unterricht oder als Hausaufgabe für Lerngruppen einsetzbar, denen die Wärmetransportphänomene bekannt sind.

Weitere Zusammenhänge

- Diskussion der Wirkung einer Zentralheizung
- Warum gefrieren stehende Gewässer nicht bis zum Boden?
- Eis auf dem Fußboden einer Sauna
- Flammen sind nach oben gerichtet
- Heizkörper sind oben wärmer als unten
- Kamine haben die Zuluftklappe unterhalb des Feuerrostes
- Hohe Räume haben einen viel größeren Bedarf an Heizenergie.

3.4.15 Aufstieg einer Papierserviette

Geräte und Materialien

1. eine Serviette aus feinem Seidenpapier
2. eine nicht brennbare Unterlage (es kann z. B, ein umgedrehter trockener Teller benutzt werden)
3. Streichhölzer

Beschreibung und Durchführung

Die Papierserviette wird röhrenförmig aufgerollt und oben gedrillt. Dann wird sie auf die Unterlage zu sicherem Stand gebracht und von oben entzündet (s. Abb. 4.15a).

Der Versuch gelingt allerdings nicht mit jeder Serviettensorte. Er sollte deshalb vorher ausprobiert werden.

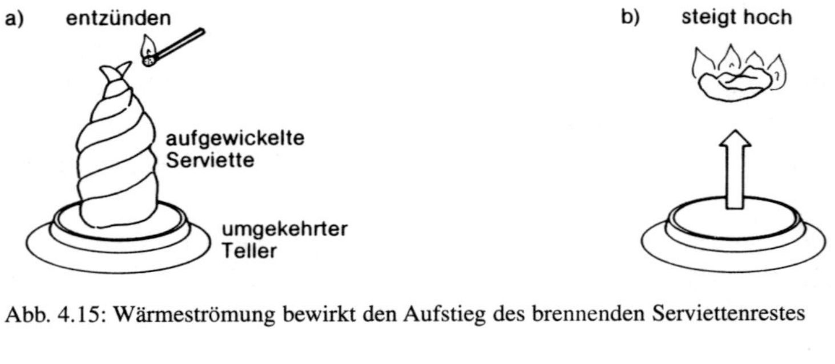

Abb. 4.15: Wärmeströmung bewirkt den Aufstieg des brennenden Serviettenrestes

Ergebnis

Die Serviette brennt langsam ab. Der verkohlte und veraschte Rest bleibt als Rolle bestehen. Wenn der Flammenring die Unterlage fast erreicht hat, steigt der brennende Rest mit dem Aschenteil in die Höhe, schwebt fast bis zur Raumdecke, um dann verlöschend langsam nach unten zu gleiten. (s. Abb. 4.15b).

Erklärung

Durch die Erwärmung dehnt sich die um die Serviette lagernde Luft aus. Ihre Dichte wird dadurch geringer, so daß sie gegenüber der kühleren Luft in der Umgebung einen Auftrieb erfährt und hochsteigt. Der leichter gewordene Rest der Serviette und der Ascheanteil werden in diesem Luftstrom mitgeführt. Durch nachströmende kältere Luft sinkt auch der Aschenrest wieder nach unten. Voraussetzung für einen solchen direkten Transport von Wärmeenergie in Form von Wärmeströmung ist die leichte Beweglichkeit des Trägers. Deshalb findet diese Art der Wärmeausbreitung lediglich in flüssigen und gasförmigen Stoffen statt.

Möglicher Konflikt

Aufgrund der bisherigen Beobachtungen beim Feuermachen erwarten die Schüler zumeist, daß brennendes Papier – auch noch in Form von Asche – liegen bleibt und nicht „von sich aus" hochsteigen kann. So kommt es zu einem gedanklichen Konflikt zwischen bisherigen Beobachtungen und dieser unerwarteten Beobachtung. Gruppe A.

Einsatz im Unterricht

Das Prinzip der Wärmeströmung wird im Unterricht zunächst meistens an einem technischen Beispiel erörtert, etwa an der Warmwasserheizung, wobei der Energietransport durch Wasser erfolgt. Eine Übertragung der ursächlichen Zusammenhänge auf die Wärmeströmung in der Luft ist dadurch allein für Schüler aber nicht möglich. Der Serviettenversuch mit seinem Überraschungseffekt, daß die brennende Serviette bis zur Raumdecke steigt, löst zumeist großes Erstaunen aus und motiviert dadurch die Schüler, über die Ursachen nachzudenken und den Vorgang in Analogie zur Wärmeströmung im Wasser zu deuten.

Weitere Zusammenhänge

- Antrieb von Weihnachtspyramiden durch aufsteigende Heißluft
- Entstehung von „Feuerstürmen" bei Großbränden
- Wärmeströmung in beheizten Räumen
- Entstehung von Küstenwinden am Tage und in der Nacht

3.4.16 Brandfleck ausgeschlossen

Geräte und Materialien

1. ein Taschentuch
2. ein Fünfmarkstück
3. eine brennende Zigarette
4. ein altes Tuch

Beschreibung und Durchführung

Das Geldstück wird so mit dem Taschentuch umwickelt, daß die Vorderseite des Tuches faltenlos und fest an der Oberfläche der Münze anliegt (Abb. 4.16). Dann wird die glimmende Zigarette für kurze Zeit gegen die Münze gedrückt.

Ergebnis

Wie das ausgebreitete Taschentuch anschließend zeigt, ist nicht einmal ein Sengfleck zu erkennen.

An einem alten Tuch kann gezeigt werden, daß ohne das Geldstück ein Loch eingebrannt wird.

Erklärung

Da zwischen Geldstück und glimmender Zigarette eine hohe Temperaturdifferenz besteht, setzt bei der Berührung ein Wärmefluß im Metall ein. Die Temperatur an der Berührungsstelle erhöht sich jedoch nicht bis zur Sengtemperatur der Stoffasern, da die Wärme wegen der sehr hohen Wärmeleitfähigkeit des Silbers sofort in alle Teile der Münze geleitet wird, so daß deren Temperatur im ganzen zunimmt.

Möglicher Konflikt

Bisher beobachteten die Schüler stets, daß glühende Gegenstände bei Berührung mit Textilien Brennspuren hinterlassen. Da sich diese Beobachtungen hier nicht bestätigen, kommt es zu einem gedanklichen Konflikt hinsichtlich der neuen Beobachtung. Gruppe A.

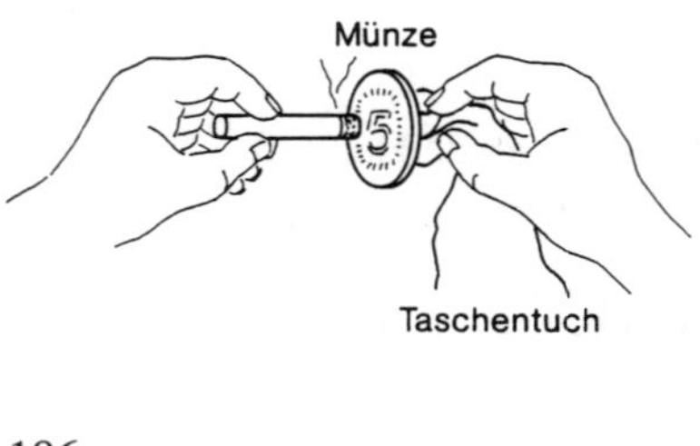

Abb. 4.16: Die schnelle Verteilung der Wärme im Fünfmarkstück verhindert, daß das Tuch ansengt

Einsatz im Unterricht

Zur Einführung des Begriffs „Wärmeleitung" ist dieser Versuch nicht geeignet, da die Schüler damit die Vorstellung von „Fortschreiten über einen längeren Weg" verbinden. Viel besser eignen sich dazu die Versuche mit erhitzten Stäben, an denen sich z. B. Wachs- oder Stearinkügelchen befinden, die beim Erreichen der Schmelztemperatur nach und nach abfallen. Aus der zeitlichen Abfolge des Abschmelzens der Kügelchen können die Schüler auf Unterschiede in der Leitfähigkeit der Stoffen schließen und lernen so, zwischen guten und schlechten Wärmeleitern zu unterscheiden.

Plaziert man den Versuch im Anschluß an die Unterscheidung zwischen guten und schlechten Wärmeleitern, so werden die Schüler zu einer vertiefenden Betrachtung der Vorgänge um die Wärmeleitung herausgefordert. Ihre Erklärungsbemühungen über den verblüffenden Ausgang des Experiments müssen z. B. die Sengtemperatur der Stoffasern einbeziehen, welche Auswirkung das Stoffgewebe auf den Wärmefluß hat, wie sich die Verteilung der Wärme in der Münze auswirkt. Wenn dabei auch der Begriff der Wärmekapazität noch keine Rolle spielen sollte, wird er dadurch bereits vorbereitet.

Weiter Zusammenhänge

- Warum Griffe und Henkel vieler Küchengeräte nicht aus Metall hergestellt werden.
- Wärmeisolierung beim Hausbau (z. B. Hohlblocksteine, Doppelfenster, Heizungsrohre mit Glaswolle)
- Wärmeisolierung durch Kleidung, (z. B. Pelzmäntel, Wollsachen, Stroh als Stiefeleinlage)
- Unterscheidung von Wärmeleitung - Wärmeströmung - Wärmestrahlung

3.4.17 Fast ein Otto-Motor

Geräte und Materialien

1. Pappröhre mit Deckel (Länge 50 cm, Ø 10 cm), wie sie für den Transport von Zeichnungen üblich sind
2. Korken
3. 10 bis 15 Tropfen Benzin (Schüler können sie aus dem Tank ihres Mofas entnehmen)
4. Streichhölzer

Beschreibung und Durchführung

Ca. 10 bis 15 Tropfen Benzin und der Korken werden in die Röhre gegeben. Sie wird nicht zu fest verschlossen und geschüttelt.

Abb. 4.17: Modell zur Demonstration des Zündvorgangs beim Otto-Motor

Der Korken hat die Aufgabe, die Benzindämpfe besser mit der Luft in der Röhre zu vermischen. Am unteren Ende der Röhre befindet sich ein 1 bis 2 cm großes Loch. Hier wird das Benzin-Luftgemisch gezündet. Die Röhre sollte wegen möglicher Verletzungsgefahr der Schüler von der Klasse weg, schräg nach oben in Richtung Decke gehalten werden.
Der Deckel der Röhre darf nicht zu fest sitzen – die Röhre kann bersten!

Ergebnis
Der Deckel der Röhre fliegt unter einem lauten Knall zur Decke des Klassenraums.

Erklärung
Bei einem Mischungsverhältnis von 1 : 50 kommt es zu einer explosionsartigen Verbrennung des Benzindampfes. Durch die Verbrennung entsteht ein heißes Gas, das wegen seiner hohen Temperatur ein wesentlich größeres Volumen beansprucht. Dadurch steigt der Druck in der Pappröhre sehr schnell an.

Möglicher Konflikt
Jeder Schüler weiß, daß Benzin leicht entzündbar ist. Kaum einer kann sich aber die enorme Wirkung einiger weniger Tropfen im richtigen Mischungsverhältnis mit Luft vorstellen und erklären. Bestenfalls erwarten sie ein leichtes Verpuffen des Benzins. Es kommt zu einem Konflikt zwischen ihrem bisherigen ungenauen Wissen und ihrer Beobachtung. Gruppe C und B.

Einsatz im Unterricht
Der Einsatz dieses Versuchs birgt Gefahren. Er verleitet eventuell die Schüler, ähnliche Versuche zu Hause durchzuführen. Der Versuch stand am Anfang einer Stunde, in der die Grundbegriffe (Kolben, Zylinder, Zündung, Ein- und Auslaßventil, ...) und die Funktionsweise eines Otto-Motors erklärt wurden. Da ein Teil der Schüler schon gute Vorkenntnisse besaßen, war es möglich, von diesem Versuch aus fragend-entwickelnd zur Erklärung an einem sammlungsüblichen Modell überzugehen.

Weitere Zusammenhänge
- Otto-, Diesel- und Wankelmotor
- Vorsicht bei leeren Tanks
- Staubexplosionen
- Schlagende Wetter in Bergwerken
- Wasserstoff-Sauerstoffgemisch 1 : 2

3.4.18 Das verstopfte Röhrchen

Geräte und Materialien
1. Y-förmiges Glasröhrchen
2. vier gleiche Bechergläser
3. unterschiedliche Flüssigkeiten mit gleicher Transparenz, wie z. B. Wasser, Äthanol, Spiritus, Glyzerin.
4. Stativmaterial
5. Eventuell Aquarienpumpe

Beschreibung und Durchführung
Zunächst wird Versuch 1 (s. Abb. 4.18/1) aufgebaut und durchgeführt, indem man gleichmäßig Luft in das Y-förmige Glasröhrchen bläst. Danach ist ein Becherglas mit Wasser gegen ein anderes mit Alkohol auszutauschen (s. Abb. 4.18/2). Wieder wird gleichmäßig in das Röhrchen geblasen (Versuch 2). Der Versuch läßt sich einfacher und sicherer mit Hilfe einer Aquarienpumpe durchführen.

Ergebnis
Im Versuch 1 sprudeln aus beiden Schenkeln des Glasröhrchens annähernd gleich viele Luftblasen. Bei Versuch 2 scheint ein Schenkel plötzlich verstopft zu sein, da nur aus einer Röhrchenöffnung Luftblasen austreten.

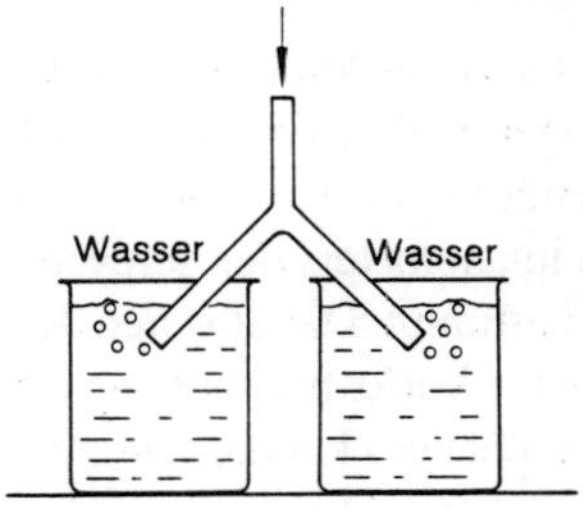

Abb. 4.18/1: Bläst man in das Glasrohr, so treten an beiden Öffnungen etwa gleich viele Luftblasen aus

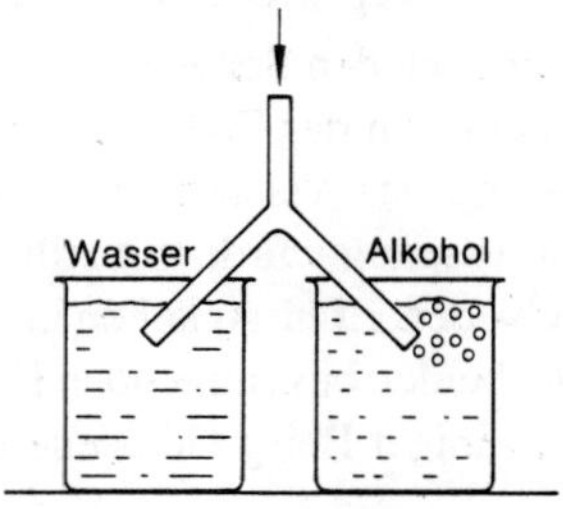

Abb. 4.18/2: Bei Flüssigkeiten mit unterschiedlichen Dichten treten die Luftblasen in der Flüssigkeit mit der geringeren Dichte aus

Erklärung
Der hydrostatische Druck ist abhängig von der Eintauchtiefe und der Dichte der Flüssigkeit.

Im Versuch 1 ist also der Gegendruck an den Öffnungen der beiden Schenkel gleich groß.

Die Dichte von Alkohol ist wesentlich geringer als die von Wasser. Das hat bei Versuch 2 zur Folge, daß aufgrund des höheren Drucks im Wasser keine Luftblasen aufsteigen können.

$\rho_{Äthanol} = 0{,}79 \frac{kg}{dm^3}$, $\rho_{Spiritus} = 0{,}83 \frac{kg}{dm^3}$,

$\rho_{Wasser} = 1 \frac{kg}{dm^3}$, $\rho_{Glyzerin} = 1{,}26 \frac{kg}{dm^3}$,

Möglicher Konflikt
Unter scheinbar gleichen Versuchsbedingungen zeigen die beiden Teilversuche ein unterschiedliches Ergebnis. Es kommt zu einem Konflikt aus der Gruppe B, weil die Schüler voraussetzen, daß sich in allen drei Gefäßen die gleiche Flüssigkeit befindet. Auch wenn sich im Laufe der Unterrichtsstunde herausstellt, daß es sich um unterschiedliche Flüssigkeiten handelt, bleibt der Konflikt dennoch erhalten. Die Schüler können auch dann keinen Grund finden, der ihnen den einseitigen Luftaustritt erklärt. In der vorhergegangenen Stunde hatten sie nämlich gelernt, daß der Druck von der Eintauchtiefe abhängt.

Einsatz im Unterricht
Die Schüler hatten in den vorhergegangenen Stunden die Abhängigkeit des Schweredrucks von der Eintauchtiefe für Wasser kennengelernt. Der Einfluß der Gefäßform (hydrostatisches Paradoxon) wurde gezeigt. In früheren Stunden wurden die Begriffe Druck und Dichte behandelt.

Es war unser Ziel, den Schülern mit Hilfe dieses Versuchs die Abhängigkeit des Schweredrucks von der Dichte der Flüssigkeit zu zeigen und zu erklären. Nach der Vorführung des Versuchs und eines anschließenden Unterrichtsgesprächs über seinen Ausgang wurde mit Hilfe eines Membranmanometers der Schweredruck verschiedener Flüssigkeiten in gleichen Tiefen bestimmt. Damit waren den Schülern die beiden bestimmenden Faktoren des Schweredrucks bekannt und die Berechnung einiger Beispiele (siehe weitere Zusammenhänge) konnte erfolgen.

Weitere Zusammenhänge
– Tauchen in Süß- und Salzwasser, unterschiedlicher Druck
– Ausperlen von Stickstoff im Blut bei zu schnellem Auftauchen

– Druckgefühl auf das Trommelfell beim Tauchen
– Was passiert mit einem Ballon, der in der Atmosphäre sehr weit nach oben steigt?

3.4.19 Ein neuer Verschluß für ein Glas Wasser

Geräte und Materialien
1. Glas Wasser
2. Heftseite oder Postkarte
3. Tüll mit einer Porengröße von 1 bis 2 mm
4. Stechheber als Erklärungshilfe

Beschreibung und Durchführung
Das Glas wird bis zum Rand mit Wasser gefüllt. Man drückt eine Postkarte mit der flachen Hand auf die Öffnung des Glases und kehrt es mit Inhalt schnell um. Dabei muß darauf geachtet werden, daß die Postkarte das Glas dicht verschließt. Nun kann die Postkarte losgelassen werden. Nach einiger Übung gelingt der Versuch auch, wenn das Glas nicht bis zum Rand gefüllt ist oder wenn man ein Einmachglas verwendet (Abb. 4.19).

Eine verblüffende Variante des Versuchs erhält man, wenn nicht Papier, sondern Tüll mit einer Porengröße von etwa 1 bis 2 mm als Verschluß des Glases eingesetzt wird.

Ergebnis
Das Glas bleibt auch dann verschlossen, wenn man es umdreht und die Postkarte, bzw. den Tüllstreifen losläßt. Beide sind über der Glasöffnung leicht nach innen gewölbt.

Erklärung
Das Wasser bleibt im Glas, da der hydrostatische Druck der Wassersäule an der Postkarte vom äußeren Luftdruck um ein Vielfaches übertroffen wird. (Bei einem Wasserstand von 10 cm im Glas beträgt der hydrostatische Druck etwa $0{,}1\ \mathrm{N} \cdot \mathrm{cm}^{-2} \triangleq 10\ \mathrm{hPa}$, der äußere Luftdruck dagegen ca. 1000 hPa.) Die Post-

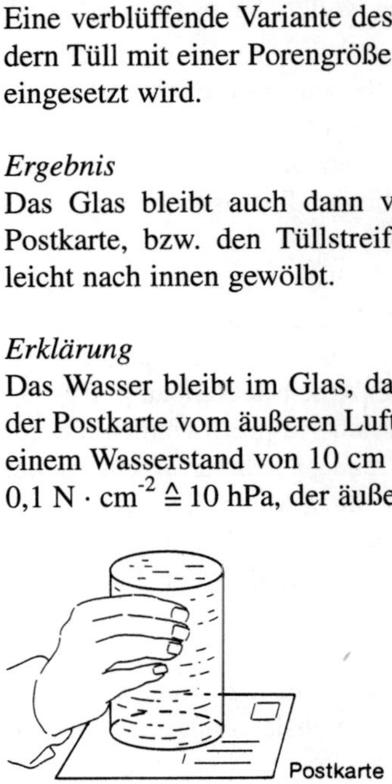

Abb. 4.19: Eine Postkarte verschließt das Wasserglas

karte hat lediglich die Aufgabe, die Oberfläche zu stabilisieren. Diese Aufgabe erfüllt auch der Tüll. Die Oberflächenspannung des Wassers zwischen den Maschen reicht dann aus, um dem hydrostatischen Druck standzuhalten (vgl. Stechheber). Die beobachtete Einbeulung der Postkarte bzw. des Tülls nach innen ist durch den großen Druckunterschied zu erklären.

Befindet sich Luft oberhalb der Wassersäule, so steht sie unter geringem Druck als die Außenluft. Der Druck ist um den statischen Druck der Wassersäule vermindert.

Möglicher Konflikt

Bisher haben die Schüler erfahren, daß ein auf dem Kopf stehendes Gefäß nur dann kein Wasser verliert, wenn es fest verschlossen ist. Sie kennen zwar ähnliche Phänomene (verschlossenes Einmachglas, Stechheber, Kondensmilchbüchse mit nur einem Loch), diese werden aber zur Erklärung oder als Vergleich nicht herangezogen. Es kommt zu einem Konflikt zwischen ihren bisherigen Erfahrungen und ihrer Beobachtung. Gruppe C.

Einsatz im Unterricht

In unserem Unterricht zeigte sich, daß gerade Schüler in den unteren Jahrgängen den Versuch erst selbst durchführen wollen, bevor sie bereit sind, die Zusammenhänge zu erarbeiten.

Der Versuch stand am Ende einer Unterrichtsreihe zum Luftdruck. Dabei hatten die Schüler auch die Funktionsweise eines Stechhebers kennengelernt. Es war unser Ziel, die Schüler das bisher Erlernte üben zu lassen. Dabei war das Schwierigste für einzelne Schüler, die Kräfte, die auf die Postkarte wirken, zu erkennen.

Wir führten zuerst den Versuch selbst vor. Dann stellten wir jeweils zwei Schülern das notwendige Material zur eigenständigen Durchführung des Versuchs zu Verfügung. (Die Unterrichtsstunde kann mit einer Überschwemmung von Tischen und Heften enden, wenn nicht Wannen oder Arbeitsdecken zur Verfügung gestellt werden.) In einem anschließenden Unterrichtsgespräch wurden die Beobachtungen gesammelt. Einige experimentierfreudige Schüler arbeiteten mit der oben genannten Variante des Versuchs, die sie ihren Mitschülern vorstellten. In einer Gruppenarbeit sollten die Schüler eine Erklärung für das Experiment finden. Als Hilfe wiesen wir auf die Funktionsweise eines Stechhebers hin.

Weitere Zusammenhänge

- Das Ausschütten von Flaschen gelingt wesentlich schneller, wenn der Inhalt in Rotation versetzt wird, so daß Luft durch den auslaufenden Strahl nach innen strömen kann.

- Der Versuch gelingt auch, wenn man ein elastisches Gefäß und eine starre Abdeckung verwendet. Dazu muß allerdings die Gefäßwand beim Verschließen leicht eingedrückt werden.
- schnelles Betanken von Rennwagen

3.4.20 Trockenlegung einer Münze

Geräte und Materialien

1. eine Münze, z. B. ein Zehnpfennigstück
2. ein Unterteller mit Wasser, so daß die Münze gerade mit Wasser bedeckt wird
3. ein Standzylinder
4. ein Kerzenstumpf, nicht ganz halb so groß wie die Höhe des Standzylinders
5. Streichhölzer

Beschreibung und Durchführung

Die Münze wird seitlich auf den Teller gelegt, so daß sie gerade von Wasser bedeckt ist. Gegenüber wird die Kerze aufgestellt und entzündet. Dann wird der Standzylinder umgekehrt darüber gestülpt (s. Abb. 4.20).

Ergebnis

Einige Luftblasen entweichen durch das Wasser. Die Kerze brennt zunehmend schwächer und erlischt schließlich. Gleich danach steigt das Wasser im Trinkglas hoch, so daß die Münze mit trockener Hand entfernt werden kann.

Erklärung

Durch die brennende Kerze erwärmt sich die Luft im Zylinder. Sie dehnt sich dadurch aus, so daß ein Teil davon aus dem Glas herausgedrängt wird. Sobald die Flamme wegen Sauerstoffmangel erlischt, kühlt die Luft wieder ab. Ihr Volumen verkleinert sich dabei, so daß im Standzylinder ein Unterdruck entsteht und der atmosphärische Luftdruck das Wasser hochsteigen läßt.

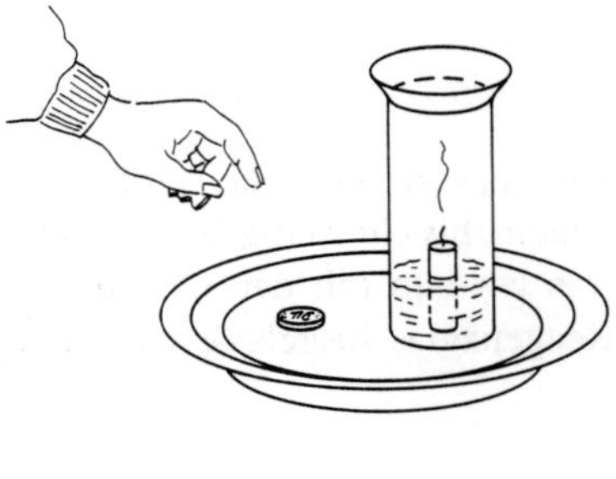

Abb. 4.20: Wenn die Kerze erlischt, steigt das Wasser im Zylinder an

Möglicher Konflikt

Zu Erklärung der „Trockenlegung" der Münze müßten die Schüler eine Reihe von Einzelfakten in logischer Abfolge in einen kausalen Zusammenhang bringen. Erfahrungsgemäß gelingt ihnen das auf dieser Altersstufe nicht ohne weiteres, selbst wenn sie bereits Einzelfakten kennen. So kommt es zu einem gedanklichen Konflikt zwischen dem bisher erworbenen Wissen und dieser überraschenden Beobachtung. Gruppe C.

Einsatz im Unterricht

Der Versuch eignet sich gut zur Festigung und Vertiefung bereits erworbenen Wissens auf der Stufe des Einübens und Behaltens, also gegen Ende der Behandlung des Themas „Luftdruck".

Er sollte als Demonstrationsversuch vom Lehrer durchgeführt werden. Die „Vorführung" läßt sich gut wie ein Zaubertrick arrangieren, indem die Schüler aufgefordert werden, das „Geheimnis" zu lüften und eine Erklärung abzugeben.

Weitere Zusammenhänge

Beispiele für die Ausnutzung des Luftdrucks:
- Verschließen eines Einmachglases
- Befestigen eines Haftsaugers an einer Kachel im Badezimmer
- Füllen eines Füllfederhalters mit Tinte
- Trinken mit Trinkhalm
- Prüfen einer Autobatterie mit Stechheber
- Entleeren eines Aquariums mit Saugheber
- In die Milchkonservendose werden zwei Löcher gebohrt.

3.4.21 Ist das die Lösung zur Überwindung der Schwerkraft?

Geräte und Materialien

1. zwei Reagenzgläser oder Medikamentenröhrchen, von denen eines leicht beweglich in das andere paßt
2. Wasser

Beschreibung und Durchführung

Das Reagenzglas mit dem größeren Innendurchmesser wird zur Hälfte mit Wasser gefüllt. Dann schiebt man das andere hinein, bis ein wenig Wasser ausläuft. Die so ineinander gesteckten Gläser werden nun mit den Öffnungen nach unten gedreht. Jetzt kann das innere Reagenzglas losgelassen werden (Abb. 4.21).

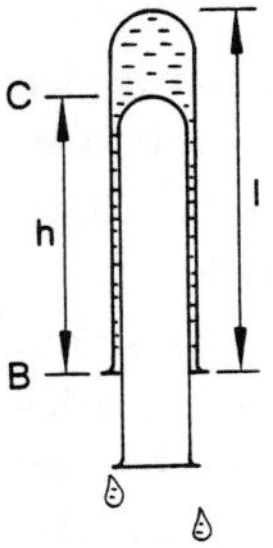

Abb. 4.21: Das innere Röhrchen bewegt sich nach oben

Ergebnis
Das innere Glas bewegt sich immer schneller nach oben, während zwischen den Glaswänden Wasser nach unten ausfließt.

Erklärung
ρ = Dichte des Wassers
p = Luftdruck
h = Tauchtiefe des inneren Glases
A = Grundfläche des inneren Glases
l = Länge des äußeren Glases
F_{Gl} = Gewichtskraft des inneren Glases

Die Erklärung des Aufsteigens folgt aus der Differenz der Kräfte, die auf das innere Reagenzglas wirken. Dabei werden Kapilar- und Reibungskräfte außer acht gelassen.
Nach unten wirken das Gewicht F_w der Wassersäule über C
$F_w = (l - h) \cdot \rho \cdot g$
und das Eigengewicht E_{Gl} des kleinen Reagenzglases:
$F_1 = F_w + F_{Gl}$.
Nach oben wirkt eine Kraft F_2 die sich aus dem äußeren Luftdruck und der Querschnittsfläche des inneren Reagenzglases errechnet:
$F_2 = p \cdot A$.
Für die aufwärtstreibende Kraft folgt daraus:
$F_A = F_2 - F_1$.

Möglicher Konflikt
Für die Schüler ist klar, daß das Reagenzglas zu Boden fallen muß, sobald es die Hand frei gibt. Es ist keine Kraft erkennbar, die dies verhindern könnte. Das bisherige verfügbare Wissen der Schüler gerät in Widerspruch zu ihrer Beobachtung. Gruppe C.

Einsatz im Unterricht

Obwohl die Voraussetzungen zur Erklärung des Experimentes schon in den unteren Jahrgängen gelegt sein müßten, ist es ratsam, den Versuch erst in oberen Klassen einzusetzen. Ein tiefergehendes Verständnis ist wegen des komplizierten Zusammenhangs der Einzelkräfte erst ab Klasse 9 möglich.

Wir setzten den Versuch in der 10. Klasse ein, um die Schüler das Analysieren komplizierter physikalischer Vorgänge üben zu lassen. Alle zum Begreifen des Versuchs notwendigen Einzelkenntnisse (Luftdruck, Gewichtskräfte, Dichte, Druck, Kräftevergleich) waren vorhanden. Für die Schüler bestand bei der Analyse des Versuchs die Schwierigkeit, die Einzelkräfte zu erkennen, einen sinnvollen gemeinsamen Angriffspunkt für die Kräfte zu finden und diese Kräfte in einen mathematischen Zusammenhang zu stellen.

Wir führten den Versuch zunächst vor und ließen dann die Schüler in 2er Gruppen experimentieren. Schülerbeobachtungen (beschleunigte Bewegung des inneren Röhrchens; Versuch klappt nur, wenn das innere Röhrchen etwa zur Hälfte ins größere geschoben wird; Wasser läuft aus; ...) wurden an der Tafel festgehalten. Danach bekamen die Schüler die Aufgabe, die Kräfte zu nennen, die auf das innere Röhrchen wirken. Eine mathematische Lösung wurde im Unterrichtsgespräch entwickelt.

Weitere Zusammenhänge

Zur Anregung eines weiterführenden Gespräches:

- Wäre es mit diesem Verfahren möglich, einen Motor zu bauen und Energie zu gewinnen?

Man könnte sich das innere Reagenzglas als Kolben denken. Die Aufwärtsbewegung würde durch das Öffnen eines Ventils im äußeren Röhrchen (Zylinder) eingeleitet. Nach dem Einlassen von Wasser würde dann die Aufwärtsbewegung wieder angeregt.

3.4.22 Eis angeln

Geräte und Materialien

1. Ein Eiswürfel aus dem Kühlschrank
2. ein Glas mit kaltem Wasser
3. ein Faden, etwa 15 cm lang
4. Salz

Beschreibung und Durchführung

Der Eiswürfel wird in das kalte Wasser gegeben. Er schwimmt darauf. Dann wird der Zwirnsfaden auf den Eiswürfel gelegt und etwas Salz darauf gestreut. Nachdem man langsam bis zehn gezählt hat, hebt man die Schnur vorsichtig an.

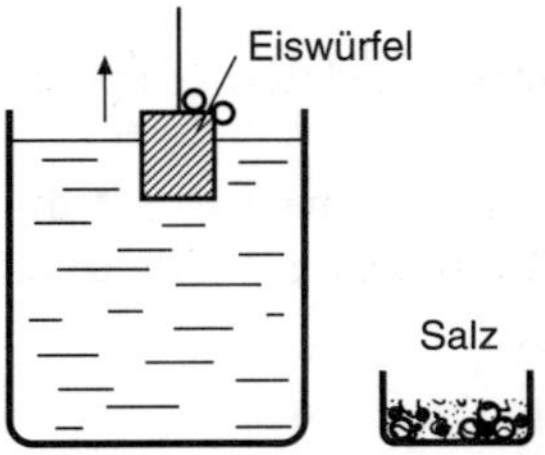

Abb. 4.22

Ergebnis
Der Faden ist festgefroren. Der Eiswürfel läßt sich hochziehen.

Erklärung
Normalerweise gefriert das Wasser bei 0° C. Das Salz, das auf den Eiswürfel gestreut wird, senkt den Gefrierpunkt. Da das Eis nicht einfach von sich aus kälter werden kann, beginnt es zu schmelzen, so daß der Faden bald in einer Wasserpfütze liegt. Beim Weiterschmelzen wird nun aber die Mischung aus Salz und Wasser verdünnt, so daß der Gefrierpunkt wieder ansteigt. Dadurch gefriert das Wasser um die Schnur, und der Eiswürfel kann angehoben werden.

Möglicher Konflikt
Schmelzpunktbestimmungen haben die Schüler zumeist schon selber durchgeführt (z. B. bei der Kalibrierung einer Temperaturskala). Einige können wohl auch berichten, daß bei Glatteis Salz gestreut wird, damit das Eis taut. Wie es jedoch dazu kommt, daß der Faden festfriert, können sie mit diesem Wissen nicht erklären. So kommt es zu einem Konflikt der Gruppe C.

Einsatz im Unterricht
Nachdem Fixpunktbestimmungen im Zusammenhang mit Schmelzen und Erstarren im Unterricht erarbeitet worden sind, kann durch diesen Versuch das erworbene Wissen noch einmal in Frage gestellt und vertiefend durchdacht werden.

Nach dem Aufbau des Versuchs vor der Klasse wird den Schülern zunächst Gelegenheit gegeben, den Eiswürfel mit Hilfe des Fadens aus dem Wasser „herauszuziehen". Sie versuchen es zumeist mit Hilfe einer Schlinge o. ä., es gelingt ihnen aber kaum. Nun soll es ein Schüler mit einem Zauberspruch versuchen. Zusätzlich streut der Lehrer etwas „Zauberpulver" auf den Eiswürfel, zählt bis zehn und siehe: es gelingt dem Schüler ohne Schwierigkeiten, den Würfel hochzuheben. Zur Erklärung des Vorganges können Temperaturmessungen in Kältemischungen vorgenommen werden.

Weitere Zusammenhänge
- Wegen des Salzgehalts gefrieren Meere erst bei deutlich niederen Temperaturen als 0° C.
- Salz auf Straßen auszustreuen, ist nicht gestattet, da nicht nur das Schuhwerk darunter leidet; Salzwasser ist auch schädlich für Bäume und Pflanzen.

3.4.23 Wie kommt das Ei in die Flasche?

Geräte und Materialien
1. Ein weichgekochtes Ei (Fünf-Minuten-Ei)
2. eine leere Milchflasche (1 Liter)
3. ein mit Spiritus getränkter Wattebausch
4. Streichholz
5. Zange

Beschreibung und Durchführung
Nachdem die Schale vom Ei abgepellt ist, wird der angezündete Spiritusbausch in die Flasche geworfen. Auf die Öffnung setzt man dann die Eispitze, so daß sie gut an der Öffnung anliegt.

Ergebnis
Das Feuer erlischt bald wegen Sauerstoffmangel. Schon gleitet das Ei wie von selbst langsam durch den Hals der Flasche Dabei wird es mehr und mehr eingeschnürt, bis es schließlich auf dem Boden der Flasche landet.

Erklärung
Die Luft in der Flasche hat sich beim Erwärmen ausgedehnt, so daß ein Teil davon am Ei vorbei entwichen ist. Nach dem Erlöschen der Flamme kühlt der Luftrest in der Flasche ab und zieht sich dadurch zusammen. Das Ei wirkt da-

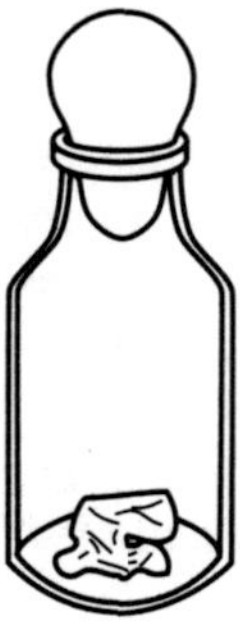

Abb. 4.23/1

bei als Verschluß, so daß in der Flasche ein Unterdruck entsteht. Der stärkere Luftdruck von außen preßt deshalb das Ei in die Flasche hinein.

Möglicher Konflikt
Die Schüler wissen zwar, daß sich Luft beim Erwärmen ausdehnt und bei Abkühlung zusammenzieht. Welche Auswirkung die Ventilwirkung des Eies auf die Druckverhältnisse innerhalb und außerhalb der Flasche hat, erkennen sie nicht sofort, selbst wenn ihnen die Wirkung des Luftdrucks von andern Beispielen her bekannt ist. (vgl. 3.4.10 „Der zerbeulte Kanister", S. 175). So kommt es zu einem Konflikt der Gruppe B.

Einsatz im Unterricht
Im Prinzip entsprechen die Vorgänge in der Flasche denjenigen des Versuchs mit dem zerbeulten Kanister:
Entstehung von Unterdruck durch Abkühlung im geschlossenen System; da der Luftdruck größer ist, wirkt er von außen als Überdruck.

Es bietet sich an, die Auswertung des Versuchs im Vergleich zum Kanisterversuch vorzunehmen. Durch Transfer kommt es dabei zum vertiefenden Überlernen der Zusammenhänge.

Möglich ist auch, anstelle des Eies eine Gummihaut (etwa vom Luftballon) über die Öffnung der Flasche zu ziehen und den Versuch so zu wiederholen. Der äußere Luftdruck drückt die Haut beim Abkühlen tief in das Innere der Flasche hinein. Der Druckausgleich kann erst stattfinden, wenn man in die Gummihaut hineinsticht. Das gibt dann einen lauten Knall.

Will man das Ei wieder aus der Flasche herausholen, so erhitzt man sie umgekehrt im Wasserbad. Da sich Luft in der Flasche dabei ausdehnt, drückt sie das Ei durch den Flaschenhals zurück.

Weiterführende Zusammenhänge
s. 3.4.10, S. 175

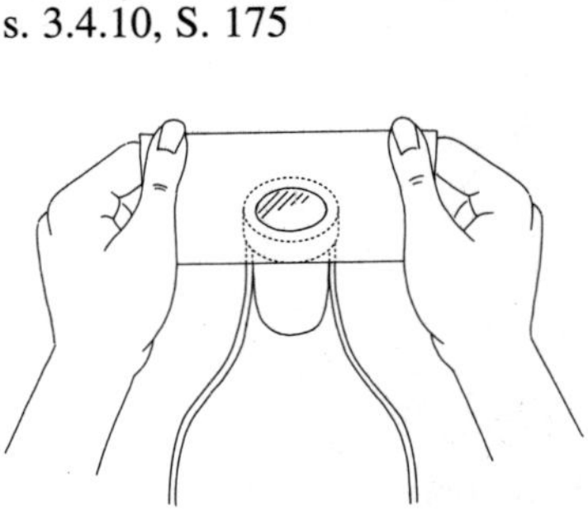

Abb. 4.23/2

3.4.24 Das Thermometer auf Kältefahrt

Geräte und Materialien

1. Ein Zimmerthermometer mit Alkoholfüllung
2. ein Gummiring (Paketgummi)
3. Wattebausch oder Zellstoff
4. eine Schnur (etwa 1 m lang)
5. Kölnisch Wasser oder Spiritus

Beschreibung und Durchführung

Der Wattebausch wird mit dem Gummiring über der Kugel des Thermometers befestigt. Dann verknotet der Lehrer die Schnur fest an dessen Aufhänger. Ein Schüler liest nun die Temperatur ab und schreibt sie an die Tafel. Nachdem der Wattebausch mit dem Kölnisch Wasser durchfeuchtet ist, läßt der Lehrer das Thermometer etwa dreißigmal um den Kopf kreisen. Anschließend wird erneut die Temperatur abgelesen und an der Tafel notiert.

Ergebnis

Der Duft des Kölnisch Wassers hat sich im Raum ausgebreitet. Das Thermometer zeigt an, daß die Temperatur nach den Kreisbewegungen deutlich gesunken ist.

Erklärung

Der Alkohol im Kölnisch Wasser verdunstet sehr schnell, da es an seiner Oberfläche stets hinreichend schnelle Moleküle gibt, die genügend Energie besitzen, um die Flüssigkeit zu verlassen. Da die austretenden Teilchen stets ihre Energie „mitnehmen", entziehen sie der Flüssigkeit Energie in Form von Wärme, so daß sie sich abkühlt.

Durch die Schleuderbewegung wird dieser Vorgang beschleunigt, da die austretenden Teilchen im Luftstrom schnell fortgeführt werden. Sie machen da-

Abb. 4.21: Das innere Röhrchen bewegt sich nach oben

durch den Weg für nachfolgende frei. Der Wärmeentzug, den man umgangssprachlich als „Verdunstungskälte" bezeichnet, geht also schneller vonstatten.

Möglicher Konflikt

Die Schüler haben den Übergang von flüssig nach gasförmig am Verdampfen von Wasser kennengelernt. Die dazu nötige Energie erfolgt dabei durch Wärmezufuhr von außen (und nicht, wie hier, durch Wärmeentzug aus der Flüssigkeit selbst). So kommen sie in Schwierigkeit, wenn sie damit die beobachtete Abkühlung des Thermometers erklären wollen. Es kommt zu einem Konflikt der Gruppe B.

Einsatz im Unterricht

Der Versuch kann als Einstieg dienen, die Abkühlung durch Verdunstung zu verstehen. Er sollte vom Lehrer unter Mithilfe von Schülern durchgeführt werden. Anschließend sollten die Schüler den Wärmeentzug beim Verdunsten auch am eigenen Körper verspüren, indem ihnen mit einem Äther-Wattebausch ein Tupfer auf den Handrücken gegeben wird. Indem der Schüler darüber bläst, wird der Wärmeentzug deutlich spürbar. Ein Vergleich mit dem Verdampfungsvorgang – verbunden mit Herausarbeitung der Unterschiede – bietet sich an.

Weiterführende Zusammenhänge

– Abkühlung des nassen Körpers an der Luft nach dem Baden.
– Bei Fieber nasses Tuch auf die Stirn legen.
– Kühlsystem eines Kühlschrankes.

4 Literatur

Artamonow, I. B.: Optische Täuschungen. Deutsch-Taschenbücher, Nr. 8. Frankfurt/Main 1982

Bergmann, L. u. *Schäfer, S.*: Lehrbuch der Experimentalphysik, Bände 1, 2 und 3. Berlin/New York 1971.

Berlyne, D. E.: Konflikt, Erregung, Neugier. Stuttgart 1974.

Gerthsen, G., Kneser, H. D. und *Vogel, H.*: Physik. Berlin/Heidelberg/New York 1980.

Goldstein-Jackson, K.: Experimente – spielend leicht – aus dem Englischen übertragen v. *Sauermost.* Würzburg, Arena-Verlag 1983.

Haase, K., Lehmann D.: Nanos Physik-Abenteuer. Aulis Verlag, Köln 1985

Heckhausen, H.: Motivation und Handeln. Berlin u. Heidelberg 1980.

Heiße Tips für kühle Köpfe: das Buch der Experimente des Ontario Science Centres (aus dem Amerikanischen von *Ricarda Strobl*). Würzburg, Arena-Verlag 1991.

Hug, E.: Spaß mit physikalischen Versuchen. Zürich 1983.

Kuchling, H.: Taschenbuch der Physik. Harri Deutsch Verlag, Frankfurt/Main 1978.

Kunert, C. und *Zitterbart E.*: Provokation im Unterricht. Donauwörth 1976.

Lange, N. W.: Physikalische Paradoxa und interessante Aufgaben. Deutsch-Taschenbücher, Nr. 20. Frankfurt/Main 1975.

Lange, N. W.: Physikalische Knobeleien. Deutsch-Taschenbücher, Nr. 38. Frankfurt/Main 1983.

Lüscher, E.: Experimentalphysik II, elektromagnetische Vorgänge. Hochschultaschenbücher, Band 115. Mannheim 1966.

Makejewa, G. P. und *Zedrik, M. S.*: Verwunderliches aus der Physik I. Deutsch-Taschenbücher, Nr. 2. Frankfurt/Main 1981.

Makowetzki, P. W.: Schau den Dingen auf den Grund! Deutsch-Taschenbücher, Nr. 15. Frankfurt/Main 1980.

Moisl, F.: Schüler-Experimentierbuch Physik 1. Ravensburger Taschenbücher, Band 743. Ravensburg 1982.

P*erelman, J. C.*: Unterhaltsame Aufgaben und Versuche – aus dem Russischen übersetzt von *Grabei, P.* Verlag Harri Deutsch, Frankfurt/Main 1977.

Press, H. J.: Geheimnisse des Alltags. O-Maier-Verlag, Ravensburg 1980.

Press, H. J.: Spiel – das Wissen schaft. O-Maier-Verlag, Ravensburg 1969.

Rex, A.: Mein Spiel- und Experimentierbuch. Deutscher Bücherbund, Stuttgart o. J.

Roth, H.: Pädagogische Psychologie des Lehrens und Lernens. Hannover 1976.
Schiefele, H.: Lernmotivation und Motivlernen. München 1974.
Sprockhoff, G.: Physikalische Schulversuche. Aulis Verlag, Köln 1980.
Treitz, N.: Spiele mit Physik. Frankfurt/Main 1983.
de Vries, L.: Vom Basteln zum Experiment. dtv, Stuttgart 1973.
Walker, J.: Der fliegende Zirkus der Physik. München 1977.
Weck, H.: Selbständiges Problemerkennen und Problemlösen. Volk und Wissen, Berlin 1967.
Wittmann, J.: Trickkiste 1. München 1983.
Wittmann, J.: Trickkiste 2. München 1993.
Zeier, E.: Kurzweil durch Physik. Aulis Verlag, Köln 1983.